KRÄUTERGÄRTEN

Guy Cooper / Gordon Taylor / Clive Boursnell

KRÄUTERGÄRTEN

Von der Schönheit und vom Nutzen der duftenden Paradiese

Gerstenberg Verlag

CIP-Kurztitelaufnahme der Deutschen Bibliothek

Cooper, Guy:
Kräutergärten: von d. Schönheit u. vom Nutzen d. duftenden Paradiese
Cooper; Taylor; Boursnell.
[Aus d. Engl. übertr. u. bearb. von Heinz Siedler].
– Hildesheim: Gerstenberg, 1988.
Einheitssacht.: English herb gardens ‹dt.›
ISBN 3-8067-2044-4
NE: Taylor, Gordon:; Boursnell, Clive:; Siedler, Heinz [Bearb.]

Aus dem Englischen übertragen und bearbeitet von Heinz Siedler
Die Originalausgabe erschien unter dem Titel
Guy Cooper / Gordon Taylor / Clive Boursnell: „English Herb Gardens“
bei George Weidenfeld & Nicolson Ltd., 91 Clapham High Street, London SW4 7TA

ISBN 3-8067-2044-4

Danksagung der Autoren

Wir möchten allen Besitzern der insgesamt 180 Kräutergärten, die wir – ohne jede Voranmeldung – besucht haben, unseren herzlichen Dank aussprechen. Sie waren fast ausnahmslos äußerst hilfsbereit und geduldig. Frau Rosemary Verey, Frau Sarah Garland, Elizabeth und Reginald Peplow sowie die Mitarbeiter der *Herb Society* haben ganz erheblich zum Erfolg dieser Erkundungsreise und zu dem Vergnügen, das wir dabei empfanden, beigetragen. Ihnen und vielen weiteren Freunden, die uns durch ihre Mithilfe und durch ihre Gastfreundschaft unterstützt haben, gebührt unser besonderer Dank: Es sind Herr John Bedford, Lady Caroline Blois, Ronald und Elizabeth Cowie, Herr Godfrey Holden, Frau Irene Milburn, Frau Louise Pleydell-Bouverie, Frau Caroline Orr und ihr verstorbener Gatte Alisdair Orr, Frau Rosemary Titterington sowie Elizabeth und James van den Bergh. Zu danken haben wir schließlich auch unseren Sekretärinnen.

An vorletzter Stelle auf unserer Liste stehen der Direktor und die Cheflektorin der Abteilung „Illustriertes Sachbuch“ im Verlag Weidenfeld & Nicolson, Herr Michael Dover und Frl. Felicity Luard.

Zuletzt, aber nicht zumindest, bedanken wir uns bei Clive Boursnell für seine grenzenlose, an den großen Lord Byron gemahnende Energie und für seine Bereitschaft, neun Wochen im Wohnmobil zu verbringen, um die Fotos für dieses Buch aufnehmen zu können, in denen der wesentliche Aspekt jedes einzelnen Kräutergartens gekonnt eingefangen wurde.

INHALT

Vorwort

von Rosemary Verey

Kräuter und Kräutergärten haben noch nie so hoch im Kurs gestanden wie heute. Allenthalben sind interessierte Zeitgenossen dabei, neue Gestaltungsmöglichkeiten für solche Gärten auszuprobieren und die dafür ausgewählten Pflanzen in der Küche zu verwenden.

Blicke ich in die Geschichte der Kartenkunst zurück, dann sehe ich die Mönche in den mittelalterlichen Klostergärten vor mir, wie sie die Küchenkräuter zwischen dem Gemüse ziehen, exakt auf schmalen rechteckigen Beeten, eines neben dem anderen, und sich auf diese Weise das Ernten erleichtern. Der Bruder Arzt pflanzt derweilen seine Heilkräuter auf ein Extrabeet, um dadurch unheilvolle Fehler bei der Herstellung seiner Salben und Tinkturen zu vermeiden.

Ich bedaure immer wieder, daß ich keinen der dufterfüllten Gärten aus der Zeit der ersten Königin Elizabeth erleben durfte. Im 16. Jahrhundert wuchsen dort Kräuter zusammen mit verschiedenen Sorten von Geißblatt; in einem kunstvoll angelegten Blumengarten konnte man auf- und abschreiten und die Kletterrosen an den schlichten Laubengerüsten bewundern. In der langen Friedenszeit entwarfen die Landedelfrauen ihre Gärten mit einem hochentwickelten Gespür für romantische Wirkungen und schufen einen anmutigen Rahmen für die neu entstandenen Herrensitze ihrer Ehegatten, indem sie sich selbstbewußt von den streng geometrischen Klosterbeeten lösten und ästhetisch befriedigende neue Formen erfanden. Mit dem Begriff „Kräuter" verbanden sie damals weit mehr, als wir es heute gemeinhin tun. William Lawson, der Experte auf dem Gebiet der Gartenkunst für Landedelfrauen, schrieb: „Der Kreütter Arten sind zwey; daher es schicklich ist, zween Gärtten zu haben: einen für Blumen und einen Küchengartten. Rosen und Lavendel werffen Gewinnst ab und sind den Sinnen Trost und Erkwikkung; Essenz von dem Lavendel und Rosen-Wasser destilliert die Hausfraw, den erschlafften Geist mit dem Dufft derselben zu beleben."

Etwa einhundertfünfzig Jahre später nahm die Bedeutung der Küchenkräuter ab,

Barnsley House, Barnsley
Gloucesterhire

denn mit dem Aufkommen des Landschaftsgartens nach englischer Manier benötigte man im 18. Jahrhundert kaum noch Sommerblumen und Kräuter, und auch die viktorianische Kochkunst des 19. Jahrhunderts kam mit wenigen Würzpflanzen aus.

Erst zu Anfang unseres Jahrhunderts trat die entscheidende Wende in der Wertschätzung der Kräuter ein. Die Autoren dieses Buches werden erläutern, warum der Kräutergarten wiederentdeckt wurde und warum man erneut vielfältigen Gebrauch von Kräutern für die feine Küche und in der Parfümindustrie machte. Es genüge hier anzumerken, daß es Vita Sackville-West war, die von Sissinghurst in Kent aus die Kräuterliebhaber in vielen Ländern inspirierte, indem sie im Jahre 1937 dort einen Kräutergarten anlegte, der bis heute das Vorbild für viele solcher Gärten geblieben ist. Ihr in die Zukunft weisender Einfall war es, einen gesonderten Teilgarten zu schaffen, der ausschließlich für Kräuter und die zu ihnen passenden Duftstauden reserviert war – in Anlehnung an das Prinzip Lawsons, daß ein solcher in sich abgeschlossener „Garten-Raum" das Schöne mit dem Nützlichen verbinden sollte.

Die Verfasser des vorliegenden Buches, Guy Cooper und Gordon Taylor, sind besonders qualifiziert dafür, über die seit 1937 entstandenen Kräutergärten zu berichten, denn sie haben viele Jahre lang die „Gesellschaft der Kräuterliebhaber von England" geleitet und sind in dieser Eigenschaft durch das ganze Land gereist, um die Kräutergärten der letzten fünfzig Jahre sowie die wenigen noch vorhandenen älteren kennenzulernen. Sie berichten, wie die einzelnen Gärten entstanden sind, und stellen anschließend dar, was an der Gestaltung der jeweiligen Anlage sowie an der Pflanzenauswahl bemerkenswert ist. Auf diese Weise ist ein ansprechendes und lehrreiches Buch entstanden, das diejenigen mit Gewinn lesen werden, die sich einen eigenen Kräutergarten anlegen wollen. Darüber hinaus wird das Buch allen denen besonderes Vergnügen bereiten, die gerne Gärten besichtigen, an geschichtlichen Rückblicken interessiert sind und bereitwillig Ratschlägen folgen, durch die sie in den Stand versetzt werden, ihre geliebten Kräuter im Laufe der Zeit mit Könnerschaft in den Garten einzubinden.

Miniaturgärtnerei in Birmingham (vgl. S. 35)

Einführung

„Der Kreütter Blüte labt den Sinn;
der Kreütter Würtze bringt Gewinn.“

Horman, 1519

Diese beiden Zeilen aus der zweiten Dekade des 16. Jahrhunderts fassen prägnant zusammen, wie man sich einen idealen Kräutergarten vorstellte: Er sollte schön und praktisch zugleich sein. Einerseits schätzte man sehr das Vergnügen, das sich einstellt, wenn man die Pflanzen während ihrer Entwicklung zur Vollkommenheit beobachten kann, und andererseits bediente man sich gern der Kräuter als nützlicher Würzmittel für die Küche sowie als wertvoller Ingredienzen von Parfüms und Kosmetika, und schließlich als Heilmittel in der Medizin.

Außer dem Apothekergarten im Londoner Stadtteil Chelsea (S. 76) und den Kräutergärten von Schloß Oxburgh (S. 67) und Schloß Broughton (S. 59) gibt es nur ganz wenige solcher Gärten in England, die älter sind als das „Grundmodell“, das Vita Sackville – West und ihr Mann Harold Nicolson 1937 bei Schloß Sissinghurst (S. 96) schufen. Daher sind fast alle in diesem Buch vorgestellten Gärten höchstens 50 Jahre alt. Die meisten entstanden sogar erst nach 1960.

Damals nahm das Interesse an Kräutern allgemein zu, denn viele Menschen verspürten in jenen Jahren das Bedürfnis, ein gesünderes Leben zu führen; ihre Abneigung gegen Essen aus Dosen wuchs, und immer mehr begnügten sich mit einfacher, aber schmackhafter Kost und wollten möglichst nur mit Naturprodukten umgehen.

Zur gleichen Zeit erschienen die anregenden Kochbücher von Elizabeth Davids, deren Rezepte das wiederauflebende Interesse an Kräutern verstärkten. Die große Dame der modernen englischen Kochkunst hat fast zwei Generationen zur Sinnenfreude und hohen Eßkultur erzogen; sie hat auch viele Engländer dazu überredet, getrocknete Kräuter von ihren Ferienaufenthalten in Frankreich und Italien mitzubringen, die in ihrer Heimat noch rar waren. Daraus hat sich das Bedürfnis entwikkelt, diese „Drogen“ möglichst selbst im Garten zu haben und dort frisch ernten zu können. So ist die Anzucht von Kräutern in Töpfen oder auf Beeten im Garten zu einer „köstlichen Selbstverständlichkeit“ geworden, ja, man kann sagen, daß das wachsende Engagement für Kräuter sich zu einer weiteren Variante der Lieblingsbe-

Cosby House, Cosby, Leicestershire

schäftigung der Engländer entwickelt hat, nämlich der Anlage und Pflege von Gärten.

Die Fotos im Buch zeigen, wie verschieden Kräutergärten aussehen können. Einige sind ohne viel Planung und künstlerisches Empfinden entstanden, anderen sieht man die langwierigen Überlegungen der Besitzer an, die zu streng formalen Mustern geführt haben. Die meisten Gärten aber variieren – was die Form, die Bepflanzung und den Hauptblickfang anbelangt – zwischen diesen beiden Grundstilrichtungen. Die Ergebnisse überzeugen in den meisten Fällen. So behagt es zum Beispiel einem der Kräutergärten sichtlich auf dem Kirchhof in Lincolnshire, ein anderer bringt neues Leben in das mittelalterliche Mönchskloster in Hampshire; (S. 112) der Senkgarten auf dem elisabethanischen Landsitz in Hertfordshire erweist sich als besondere Zierde, (S. 75) und die Anlagen auf den Rittergütern des 17. und 18. Jahrhunderts in den Grafschaften Gloucestershire (S. 20), Norfolk (S. 67) und Yorkshire (S. 55) sind eine wahre Augenweide; in einem der von hohen Eibenhecken eingefriedeten „Gartenräume" in Kent (S. 91) dienen die Kräuter gleichsam als Mobiliar; in dem Cottagegarten, der von den furchterregenden Kühltürmen eines Atomkraftwerks überragt wird, käme man sich ausgesetzt und verloren vor, wäre da nicht diese tröstende Kräuterecke (S. 32). Selbst in Schaugärten, Kräutergärtnereien oder Lehrgärten können Kräuter in ästhetisch befriedigender Anordnung gepflanzt sein.

Läßt man alle diese Gärten Revue passieren, dann merkt man, daß in dem Grundmuster der meisten modernen Kräutergärten die Erinnerung an die mittelalterliche Klosterkultur lebendig geblieben ist. Auf die eine oder andere Weise bildet man auch heute noch Teilabschnitte durch Wege und betont das Zentrum durch ein skulpturales Element oder durch einen Springbrunnen. Das regelmäßige Viereck ist seit Jahrhunderten die vorherrschende Form, auch wenn die individuelle Phantasie der Besitzer diese manchmal abgewandelt hat. Sehr oft sind die Gärten wie eh und je von Mauern oder hohen Hecken umgeben, und die Beete werden fast ausschließlich durch Buchsbaumeinfassungen markiert. Bemerkenswerte Beispiele dieser strikt formalen Lösungen befinden sich in Young House (S. 124) und bei Schloß Hardwick (S. 44).

Cranborne Manor, Wimborne, Dorset

Dagegen sind Kräutergärten in aufgelockerter, freier Form selten, wenn man von den attraktiven Anlagen in Denmans (S. 104) und Stoneacre (S. 91) absieht. Eigentlich sollte man annehmen, daß die Abwendung von formalen Mustern mehr Gestaltungsmöglichkeiten böte, aber die Erfahrung hat gezeigt, daß die Gartenliebhaber damit überfordert sind. Es fehlen einfach neue Gestaltungsideen, weil bisher noch niemand einem bedeutenden Gartenarchitekten den Auftrag erteilt hat, sich des Problems anzunehmen. Neuartige und originelle Kräutergärten wird es erst geben, wenn Fachleute sich mit deren Planung beschäftigt haben. Hier liegt also eine Chance für die Zukunft.

Das Kräuterverzeichnis am Ende dieses Buches dient mehreren Zwecken: Zum einen erleichtern die Fotos die Bestimmung der einzelnen Kräuter, zum anderen findet der Leser dort Informationen über die Geschichte und die Kultur jeder vorgestellten Pflanze, und schließlich hat der Fotograf Clive Boursnell es geschickt verstanden, die Schönheit der Kräuter ins rechte Licht zu setzen.

Diese Kräuter, auf die sich in unserem Buch alles bezieht, werden vom Menschen bereits länger als die meisten anderen Pflanzen angebaut. Als beredte Zeugnisse dafür dienen Kunstwerke aus vielen Kulturen: die ägyptischen Grabmalereien, die babylonischen Keilschrifttafeln, die chinesischen Bronzen der Shang- und Chou-Dynastien, die griechischen Vasen, die Grabstelen der Maya, die Frescos von Pompeji, die Flachreliefs der Khmer in Angkor, die persischen und indischen Gemälde, die illuminierten Manuskripte der europäischen Klöster, und – nicht zu vergessen – die frühesten Gartenskizzen der italienischen Renaissance, die den formalen Gärten in Frankreich und England als Vorbild dienten. Damals pflanzte man die Kräuter auf geometrische oder geschwungene Blumenbeete, und das Ziermuster, das auf diese Weise entstand, entsprach genau den eleganten und phantasievollen Ornamenten der damaligen Gebrauchskunst.

Seit Jahrtausenden wurden die Kräuter vor allem zu Heilzwecken in der Medizin benutzt. Das tödliche Gift von Eisenhut und Fingerhut entfaltet nämlich bei entsprechender Verdünnung eine heilende Wirkung; die harmloseren Eigenschaften der

Frauenminze und des Beinwells dagegen bewähren sich seit vielen hundert Jahren auf dem Land als Hausmittel. So fanden die Kräuter Eingang in die Krankenabteilungen der mittelalterlichen Klöster und später in die Destillationsräume der Landedelleute.

Was nun die Küche anbetrifft, so hat eine ganze Reihe von Kräutern seit dem Mittelalter ihre Beliebtheit nicht eingebüßt; Rosmarin zum Beispiel, Salbei, Thymian und Fenchel sind sogar seit der Römerzeit in der europäischen Kochkunst unverzichtbar geblieben. Lorbeer, Lavendel, Mädesüß und Eberraute haben als aromatische Kräuter eine große Rolle in der Parfümherstellung und in der Kosmetik gespielt, und nicht vergessen sollte man auch, daß die Bürger vom 16. Jahrhundert an duftende Kräuter mit Binsen mischten und auf den Fußboden streuten, um die Luft in ihren Zimmern zu verbessern.

Wir möchten abschließend unserer Freude darüber Ausdruck geben, daß wir während unserer Vorbereitungen für dieses Buch überall Leute getroffen haben, die nach alter Sitte eine besondere Kräuterabteilung in ihren Gärten eingerichtet haben und dadurch das Angenehme mit dem Nützlichen verbinden. Diese Menschen haben die Erfahrung gemacht, daß Kräutergärten – seien sie nun winzig oder ausgedehnt, nach freiem Ermessen oder streng geometrisch gestaltet – auf den Gartenliebhaber eine beglückende Wirkung ausüben, eine Wirkung, die unserer Ansicht nach Sir George Sitwell 1909 in seinem Buch „Über die Anlage von Gärten" anschaulich beschrieben hat:

„Wie und wo auch immer man seinen Garten plant, sei es nun, daß Rosen zum Dachsims eines ländlichen Wohnhauses oder aber zu den Türmen eines Schlosses emporklettern sollen – niemals darf man vergessen, daß man ihn im Hinblick auf die Zukunft anlegt und daß es sich um eine Aufgabe von lebenswichtiger Bedeutung handelt. Gärten dienen – das wußte schon Bacon – der Erholung des Menschen, seiner Wiederherstellung, nicht lediglich dem Vergnügen oder gar nur einem vorübergehenden Glücksgefühl; sie dienen der Entspannung, die die Lebenskraft erneuert, auf daß die Arbeit des Alltags bessere Früchte trage. Die bedeutendsten Herrscher der Welt und die weisesten Philosophen des Altertums haben Gärten aufgesucht, um Frieden zu finden."

Barnsley House

Barnsley, Gloucestershire

Der bekannte Architekturhistoriker David Verey und seine Frau Rosemary, die bedeutende Pflanzenkennerin und Gartengestalterin, haben hier im Laufe der letzten 20 Jahre einen der berühmtesten Gärten Englands geschaffen, in dem sich ihr jeweiliges Interesse an der Geschichte der englischen Baukunst beziehungsweise der englischen Gartenkunst spiegelt.

Das Haus entstand 1697 und wurde 1830 erweitert. Die Gartenmauer und das darin eingefügte Sommerhaus im gotischen Stil wurden 1770 gebaut. Im Jahre 1964 ließen die Vereys einen paladianischen Tempel vom Ende des 18. Jahrhunderts, der im benachbarten Park von Fairford stand, zu ihrem Garten nach Barnsley schaffen. Im selben Jahr legten sie eine Goldregenallee an und gaben einen Springbrunnen bei dem Bildhauer Simon Verity in Auftrag, von dem noch weitere Skulpturen im Garten stammen. Seit 1975 gibt es einen kleinen Kräutergarten und einen Blumengarten in elisabethanischer Manier. Seit etwa acht Jahren vergrößert Rosemary Verey nach und nach einen geometrischen Küchengarten, dessen Gemüsebeete von einem zentralen Rundbeet ausgehen; alle sind mit Kräutern beziehungsweise Buchsbaum eingefaßt; Apfelspaliere setzen darin vertikale Akzente, und Lauben mit Feuerbohnenberankung bieten Schutz vor Sonne und Regen.

Das formale Blumenbeet vor dem Wohnzimmer ist quadratisch (35 m Seitenlänge) und weist das sogenannte Liebesknotenmuster auf; es wird aus grünem Buchsbaum gebildet; an ausgewählten Stellen wachsen gelber Buchsbaum, Gemeiner Gamander (*Teucrium chamaedrys*) und die Schmalblättrige Steinlinde (*Phillyrea angustifolia*). Das 1,80 m breite und 14 m lange Kräuterbeet in der Nähe der Küchentür wird durch niedrige Buchsbaumhecken in Zick-Zack-Felder gegliedert, deren jedes mit einer anderen Kräuterart bepflanzt ist. Die beiden Enden des Beetes haben je einen Blickfang in Form von 60 cm hohen Buchsbaumpyramiden erhalten.

Schloß Westbury Court

Westbury-on-Severn, Gloucestershire

In Westbury Court hat sich ein besonders eindrucksvoller Wassergarten im holländischen Stil des 17. Jahrhunderts erhalten. Im Vergleich zu der Größe des Französischen Gartens mit seinen langen Alleen hat der Architekt Maynard Colchester ihn betont klein gehalten. 1696 ließ er den Langen Kanal graben und 1699 die Hecken sowie die Formschnittbäume an dessen Flanken aufreihen. 1702 entstand der große Sommerpavillon und 1895 ein neues geräumiges Haus in der Nähe des Gartens. 1960 waren die Gebäude und die Gärten so heruntergekommen, daß das ganze Grundstück an einen Bodenspekulanten verkauft werden mußte. 1967 übernahm der *National Trust* alles und stellte die Gartenanlagen anhand der Originalpläne Colchesters wieder her, die ein glücklicher Zufall zutage gefördert hatte.

Das Zusammenspiel von Wassergarten, Pavillon und Himmel ergibt ein Bild zeitloser Schönheit, das durch das restaurierte Parterre des Gartens noch vervollkommnet wird. Parterres waren im 17. Jahrhundert die weiterentwickelten formalen Blumenbeete der frühen Renaissance. Sie wirken hauptsächlich durch ihr formales Muster. In Westbury Court besteht dieses aus zwei aufeinander bezogenen Quadraten von 14,60 m Seitenlänge, deren jedes durch zwei Paar kreuzförmig angelegter Wege in Sektoren eingeteilt und von Diagonalwegen durchschnitten wird, während alle diese Wege auf ein Rundbeet exakt in der Mitte zulaufen. Die Beete sind mit Buchsbaum eingefaßt und erhalten durch sich abwechselnde Formschnittpyramiden und Buchsbaumkugeln auf Hochstämmen besondere Akzente. Das Pflanzmaterial besteht aus Ringelblumen (*Calendula officinalis*), Kretischem Natternkopf (*Echium creticum),* dem Schafschwingel (*Festuca ovina glauca*), der Schleifenblume (*Iberis semperflorens*) und Salbei (*Salvia officinalis „purpurascens*“). Es wird rigoros darauf geachtet, daß alle diese Pflanzen die Buchsbaumeinfassung respektieren, und ihre endgültige Wuchshöhe wird vorher genau einkalkuliert. Gärten dieser Art können nur mit militärischer Präzision in Ordnung gehalten werden und stellen die arbeitsintensivste Art der Gartenkultur dar; aber der apollinische Charme, der von einem solchen Parterre ausgeht, rechtfertigt jede Mühewaltung.

Alderley Grange

Alderley, Gloucestershire

Oft verändert sich mit den Besitzverhältnissen eines Hauses auch der Charakter des Gartens. In diesem Fall war es glücklicherweise nicht so. Alderley Grange gehörte viele Jahre lang dem Ehepaar Lees-Milne, das hier einen seiner raffiniertesten Gärten einschließlich eines wunderbaren Kräutergartens schuf. Die Nachfolger, Mr. Guy und The Hon. Mrs. Acloque, liebten diesen einzigartigen Garten so sehr, daß sie ihn weiterentwickelten und durch eigene Ideen noch vervollkommneten.

Der Kräutergarten liegt in einer Ecke, in der zwei hohe Mauern zusammentreffen, und vermittelt den Eindruck einer quadratischen Form von neun Metern Seitenlänge. In Wirklichkeit ist er unregelmäßig geformt, aber das Auge wird durch das ausdrucksvolle Grundmuster getäuscht, das aus zwei übereinanderliegenden Kreuzen, ähnlich dem *Union Jack*, der britischen Nationalflagge, besteht. In der Mitte befindet sich ein Sternhöhenmesser. Durch eine Hecke an der schiefen Seite wird die geometrische Unregelmäßigkeit optisch korrigiert. Alle acht keilförmigen Beete haben eine Buchsbaumeinfassung, und die sechs am weitesten vom Eingang entfernten werden durch streng geschnittene Lorbeerhochstämme hervorgehoben. Jedes Beet ist mit etwa zehn verschiedenen Kräuterarten bepflanzt, vom Zwergbeinwell bis zum Gelben Baldrian, und enthält außerdem Blumenzwiebeln und Stauden.

Mr. Acloque hat vor kurzem einen neuen Duftgarten (8,20 x 5,50 m) geschaffen. Auf dem Mittelbeet wachsen große Mengen von Florentiner Schwertlilien um einen italienischen Steinkrug herum. Sie werden durch ein diagonal angeordnetes Quadrat von acht mopköpfigen Liguster-Hochstämmen flankiert. An weiteren Duftkräutern gibt es grünen und gelben Salbei, weißen Ysop, Heiligenkraut, viele altmodische Nelken und 25 verschiedene kriechende Thymiane. Im Sommer werden mehrere Arten von Duft-Pelargonien eingetopft und in den Garten gestellt, so daß ihre marmorierten Blätter eine zusätzliche Wirkung in dieser bezaubernden Umgebung entfalten.

Die Kräutergärtnerei von Stoke Lacy

Bromyard, Hereford und Worcester

Im 19. Jahrhundert hat eine Reihe von Engländerinnen die Kenntnis von den Kräutern und deren Anwendungsmöglichkeiten lebendig erhalten und an uns weitergereicht. Dazu gehören Mrs. C. W. Earle mit ihrem Buch „Potpourrie aus einem Garten in Surrey", Eleanour Sinclair Rhode, Gertrude Jekyll, Vita Sackville-West und Margaret Brownslow von der legendären Kräutergärtnerei in Seal, Kent, wo viele Damen dazu angeregt wurden, aus geschäftlichen Gründen oder zu ihrem bloßen Vergnügen Kräuter in ihren Gärten zu ziehen. Die aus dieser Gruppe hervorgegangene Madge Hooper in Stoke Lacey leitet eine der ältesten Kräutergärtnereien in England. Sie hat bereits eine große Anzahl von Kräutern angeboten, als man sie noch so gut wie nirgends kaufen konnte, und verbreitete die frohe Botschaft von den Kräutern durch Vorträge im In- und Ausland. Heute muß sie aus Altersgründen solche Aktivitäten etwas zügeln und das Angebot einschränken. Trotzdem hat sie im Jahre 1984 noch einen neuen Schaugarten angelegt.

Er mißt neun Meter im Quadrat und besteht aus vier geschwungenen Beeten, die durch Wege unterteilt sind und in deren Mitte sich eine muschelförmige Gartenskulptur befindet. Dieser Garten mit seinen 180 verschiedenen Kräuterarten ist gleichsam der Höhepunkt von Mrs. Hoopers Leben; in ihn hat sie ihre langjährigen Erfahrungen investiert. Es ist erstaunlich, mit welchem Geschick sie die Kräuter einander zugeordnet hat, um deren charakteristische Merkmale, Formen und Farben hervorzuheben. Niedrige Gräser setzen sich deutlich von den höheren ab, Dunkelgrün steht neben Blaßgrün, locker gefiederte Blätter bilden einen ästhetisch befriedigenden Kontrast zu solchen mit deutlich flächenhafter Struktur. Einem Besucher mag ein solcher Garten ungeplant und schlicht vorkommen. Aber eine derartige, scheinbar mit lässiger Hand gestaltete Anlage gelingt nur jemandem, der nach vielen Jahren harter Arbeit die nötige Erfahrung gewonnen hat, der jede noch so kleine Einzelheit durchdenkt und – vor allem – den Kräutern mit ganzer Seele zugetan ist.

Schloß Mawley

Cleobury Mortimer, Shropshire

Schloß Mawley ist das schönste Beispiel für die Backsteinarchitektur im imposanten frühgeorgianischen Barockstil, das die *West Midlands* aufzuweisen haben. Die Vorderfront des auf einer Anhöhe gelegenen Hauses ist mit zweistöckigen Pilastern geschmückt und gebietet über weite Ausblicke in das Land. Um das Schloß herum erstreckt sich ein Landschaftsgarten im traditionellen englischen Stil mit seinen weitflächigen Rasenanlagen, alten Bäumen und Blickfängen in Form von Statuen, Steinkrügen und Säulentempelchen. Die Gärten dieses Schlosses verdanken ihre Wiederherstellung dem Engagement des Ehepaares Galliers-Pratt. Die leidenschaftliche Gartenliebhaberin Mrs. Galliers-Pratt hat auch den Kräutergarten geschaffen. Er verbindet den formalen Garten mit dem Schwimmbad vor dem Stallgebäude aus der georgianischen Zeit, der jetzt in ein Wohnhaus umgewandelt worden ist. Der Übergang vom Repräsentativen zum Privaten ist gut gelungen, und dank des Einfühlungsvermögens der Hausherrin fügt sich sogar das ultramoderne Schwimmbad in die majestätische Schönheit des Landschaftsgartens ein.

Der 23 m x 15 m große Kräutergarten wird von einem breiten buchsbaumbestandenen Weg durchquert, den beiderseitig Säulenwacholder flankieren. Diese wiederum akzentuieren jeweils drei rechteckige Beete, auf denen etwa 200 verschiedene Kräuterarten wachsen. Auf den sich daran anschließenden Ziegelsteinpfaden wachsen in Ausbuchtungen viele Varietäten von Kriechendem Thymian (*Thymus serpyllum*), Kamille und Poleiminze (*Mentha pulegium*), die ihre charakteristischen Düfte entfalten, wenn man darauftritt. Sechs lebensgroße Statuen säumen prozessionsartig einen dieser Pfade, während der entsprechende Weg auf der gegenüberliegenden Seite statt der Statuen noch einmal fünf Säulenwacholder aufweist. Am Ende des Kräutergartens spiegeln sich Sträucher und Magnolien in der dunklen Oberfläche des Wasserbeckens.

Die Kräutergärtnerei Oak Cottage

Nesscliffe, Shropshire

Es muß wohl an der Luft liegen, daß um das Dorf Little Ness herum drei Kräutergärtnereien entstanden sind. Am bekanntesten ist Mrs. Ruth Thompsons Gärtnerei in Oak Cottage mit ihren über 400 verschiedenen Kräuterarten geworden. Wegen ihres Asthmas mußte die Besitzerin vor mehreren Jahren ihre Felder aufgeben, wo sie Thymian zum Trocknen anbaute. Aber ihre Begeisterung für Kräuter hat nicht nachgelassen, und so hat sie hinter ihrem Haus einen traumhaft schönen, 36,50 m x 23 m großen Garten angelegt, mit einer niedrigen Eibenhecke im Mittelpunkt, einem Sommerhaus mit einem Teich und daran anschließend einer Abteilung, in der sie Kräuter in Containern zieht.

Die Pflanzen sind nicht nach formalen Gesichtspunkten arrangiert, sondern nach ihrer Schmuckwirkung. Insgesamt ist es ein Cottagegarten geworden, in dem die altmodischen englischen Stauden in enger Gemeinschaft mit Kräutern wachsen. Jedes Jahr wechselt die Bepflanzung, denn Mrs. Thompson probiert immer neue Kräuterkombinationen aus. Sie kämpft gegen die herrschende Gartenmode und die leider unvermeidlich gewordene Standardisierung der Pflanzenauswahl an. Mit Kennerschaft ordnet sie die verschiedensten Blütenpflanzen den nützlichen Kräutern zu und hat mit einem beachtlichen Arbeitsaufwand und mit unbeirrbarer Ausdauer einen prachtvollen Garten alter Art geschaffen, den die Besucher in den Sommermonaten nur staunend bewundern können.

Mallory Court

Leamington Spa, Warwickshire

In den Gourmet-Spalten der Sonntagspresse wird immer wieder die exquisite Küche der Landgasthäuser angepriesen, und man müßte annehmen, daß Kräutergärten ein integraler Bestandteil solcher gastronomischer Paradiese seien. Aber wir haben nur ein einziges Hotel gefunden, das einen Kräutergarten von vernünftiger Größe besitzt, nämlich Mallory Court. Es wurde 1915 im neu-georgianischen Cotswoldstil erbaut. Jeremy Mort und Allan Holland haben es 1974 gekauft und seitdem die Gartenanlagen in ihrer früheren Großartigkeit wiederhergestellt.

Vor vier Jahren haben sie im alten Gemüsegarten einen sehr großen Kräutergarten geschaffen, der hauptsächlich als Lieferant für die Hotelküche dient und gleichzeitig eine Attraktion für die Gäste bildet. Ein breiter Hauptweg teilt den rechteckigen, 36,50 x 14 m großen Garten und führt auf das kreisförmige Zentralbeet mit seinem Lorbeer-Hochstamm zu. Acht rechteckige Beete zweigen zu beiden Seiten des Weges ab, die jeweiligen Schlußbeete sind dreieckig. Die Einfassung besteht durchgängig aus Heiligenkraut (*Santolina chamaecyparissus*) beziehungsweise dem Gemeinen Gamander (*Teucrium chamaedrys*). Etwa 50 verschiedene Kräuterarten gedeihen dort prächtig, darunter Petersilie, Schnittlauch, Majoran, Kerbel, Minze, Salbei und Estragon für den Küchenbedarf. Es gibt zwei Estragon-Arten, den französischen Typ (*Artemisia dracunculus*) und den russischen (*Artemisia dracunculoides*). Den letzteren kann man wegen seiner stattlichen Höhe von 1,20 m gut zum Verstecken von Mülltonnen und Komposthaufen gebrauchen; er läßt sich aus Samen ziehen. Der echte französische Estragon – und nur den gibt es natürlich in Mallory Court – hat einen einzigartigen Anisgeschmack. Er wird gewöhnlich vegetativ vermehrt und braucht etwas Winterschutz. Zur Blütezeit bietet der Kräutergarten einen herrlichen Anblick; er ist dann das, was man als eine „vollkommene Schöpfung“ bezeichnen kann.

Lea Ford Cottage

Atomkraftwerk Adams Hill, Sutton Coldfield, West Midlands

Kräutergärten finden sich auch an Orten, wo man sie kaum vermuten würde. Während unserer Vorbereitungen für dieses Buch hörten wir von einem Kräutergarten zu Füßen eines Atomkraftwerks. Wir fanden ohne Schwierigkeiten dorthin, denn die ganze Gegend um West Birmingham wird von den vier gewaltigen Kühltürmen beherrscht. Ein Teil des gut 400 ha großen Areals steht den Angestellten des Werks als Erholungsgebiet zur Verfügung; in einem anderen Teil betreiben Wissenschaftler Umweltstudien. Eines der Gebäude ist ein ehemaliges Landarbeiterhaus aus dem Jahre 1675, dessen ehemaliger Name Maggotts Crofte in Lea Ford Cottage umgeändert wurde. Das Fachwerkhaus aus verputztem Weidengeflecht und unverglasten Gitterfenstern hat man mit den Baumethoden seiner Entstehungszeit restauriert, so daß Schulklassen heute anschaulich erleben können, wie die Häuser beschaffen waren, in denen die meisten Menschen des 17. Jahrhunderts leben mußten: zwei Zimmer oben, zwei Zimmer unten und sehr zugig.

Vor dem Cottage ist ein rechteckiger, 6,40 x 4,50 m großer Kräutergarten entstanden. Er besteht aus einem Erdbeerbeet und einem weiteren Beet mit zehn verschiedenen Kräuterarten: viel Majoran, etwas Salbei und Thymian, und als Blickfang eine stattliche Gruppe von Gemüsekarde (*Scolymus cardunculus*). Sie gehört zur Artischocken-Familie. Im antiken Karthago, so berichtet Dioscorides, wurde die Karde in großem Stil angebaut, und Plinius hat über ihre Heilwirkung geschrieben. Junge blanchierte Stengel schmecken köstlich. Man kann auch einen guten gelben Farbstoff daraus gewinnen und die Pflanze als Ersatz für Labferment bei der Herstellung von Käse benutzen. Daß wir diese außergewöhnliche Pflanze vor dem Lea Ford Cottage antrafen, hat uns genauso überrascht wie die Tatsache, daß sich zu Füßen eines hypermodernen Atomkraftwerks ein Kräutergarten befindet.

Eine Miniaturgärtnerei in der Stadt

Birmingham, West Midlands

Bei oberflächlicher Betrachtung ist die Firma Paul Stocking eine unmögliche Adresse für eine Kräutergärtnerei. Sie liegt im Hintergarten eines Reihenhauses mitten in Birmingham, einem Gebiet, in dem dringend eine Stadtsanierung durchgeführt werden müßte. Vor dem Haus weiden zwei Ziegen auf einer Art „City-Anger" und fressen alles, was ihnen vor die Zähne kommt. Gleichzeitig dienen sie als ein höchst ungewöhnliches „Frühwarnsystem." Stockings Garten ist 12 x 4,20 m groß und enthält acht Beete sowie zwei Terrakotta-Töpfe als Blickfang. Auf diesen Beeten und den beiden Längsbeeten an der Grundstücksgrenze wachsen 140 verschiedene Kräuterarten, und zwar geordnet nach botanischen Gattungen:

Die Rosengewächse sind durch die Apothekerrose und das Mädesüß (*Filipendula ulmaria*) vertreten, die Borretschgewächse durch Lungenkraut (*Pulmonaria officinalis*) und Gurkenkraut (*Borago officinalis*), die Hülsenfrüchtler durch Steinklee (*Melilotus*), die Kreuzblütler durch Färberwaid (*Isatis tinctoria*), die Rachenblütler durch die Königskerze (*Verbascum*) und die Braunwurz (*Scrophularia*). Zur Gattung der Lippenblütler gehören viele Küchenkräuter wie Thymian, Salbei, Ysop, Zitronenmelisse (*Melissa officinalis*) und Rosmarin. Zwei Beete sind den Korbblütlern vorbehalten: dem Rain- oder Wurmfarn (*Tanacetum vulgare*), der Currypflanze, dem Heiligenkraut (*Santolina chamaecyparissus*) und Beifußarten (*Artemisia*). Zwischen dem Haus und dem Schaugarten verlaufen die Längsbeete mit Vertretern der Liliengewächse, der Doldenblütler, der Hahnenfußfamilie und der Gattung Minze, die hier mit 20 verschiedenen Varietäten vorgestellt wird. Wir haben keinen weiteren Garten gefunden, der eine derart große Auswahl von Kräutern auf so engem Raum enthält. Jeder, der auf einem ähnlich beschränkten Grundstück einen Kräutergarten anlegen möchte, kann sich hier Anregungen holen.

Moseley Old Hall

Wolverhampton, West Midlands

Moseley Old Hall, das aus dem 16. Jahrhundert stammt, war ursprünglich ein Fachwerkbau, jetzt hat es Ziegelmauern. Es liegt zwischen einer Autobahn und den Außenbezirken von Wolverhampton. König Karl II. versteckte sich hier vor Cromwells Armee nach der Schlacht bei Worcester; sein Bett und der Unterschlupf werden noch gezeigt. Der *National Trust*, dem das Schloß jetzt gehört, hat den formalen elisabethanischen Garten durch die Fachleute Graham Stuart Thomas und Alice Coats wiederherstellen lassen, und zwar auf Grund des Originalentwurfs von Pfarrer Walter Stonehouse aus dem Jahr 1640, den man kürzlich entdeckte. Dem Laubengang aus Holzgerüsten liegt der Plan von William Hill zugrunde, den dieser in seinem Buch „Des Gärtners Labyrinth“ 1577 veröffentlichte.

Der verblüffend einfache formale Garten besitzt an einer Flanke einen langen Hainbuchenlaubengang, und die ganze Fläche ist in elf sich wiederholende Muster eingeteilt. In der Mitte jeder Abteilung befindet sich ein Rundbeet mit einem streng geschnittenen Lorbeerhochstamm als Blickfang. Alle Beete sind mit Buchsbaum eingefaßt. Graue Kieselsteine füllen die Mittelbeete, zweifarbige die anderen. Die Lorbeerstämme und Buchsbaumhecken sind peinlich genau gestutzt, so daß der Garten dem Beschauer vom Schloß aus wie ein wunderbar gemusterter Teppich erscheint. Der Pflegeaufwand ist sehr groß, aber der *National Trust* scheut keine Mühe, um dem alten Schloß den ihm gebührenden historischen Rahmen zu geben. Statt der Kiesschüttung kann man auch Kräuter verwenden, vorausgesetzt, man verfügt über die notwendige Erfahrung bei der Pflanzenauswahl und nimmt sich die Zeit, die notwendig ist, um die Kräuter regelmäßig zu stutzen, damit sie die Einfassungen nicht überwuchern.

Cosby House

Cosby, Leicestershire

Cosby House stammt aus dem 17. Jahrhundert und wurde in der georgianischen Zeit etwas verändert. Auf dem Grundstück befindet sich auch eine schöne Fachwerkscheune aus dem 16. Jahrhundert, die im Jahre 1766 Ziegelsteinfüllungen erhielt, und um den Kopfsteinpflasterhof gruppieren sich Stallgebäude aus späterer Zeit. Die Hauptsehenswürdigkeit ist der Kräutergarten, dessen Produkte von der jetzigen Besitzerin, Mrs. Jane Faire, verkauft werden. Sie hält auch Kurse ab, in denen man lernen kann, wie man einen Kräutergarten entwirft.

Das Muster der quadratischen Anlage von sechs Metern Seitenlänge besteht aus einem sechszackigen Stern, der von zwei gleichseitigen Dreiecken gebildet wird, und aus einem Kreis, der die Zickzackstruktur einrahmt. Die Vorlage hierzu fand sich in dem Buch „Der Newe Obstgartten" von William Lawson, das er 1618 drucken ließ. Im Jahr zuvor hatte er das allererste Gartenbuch für Frauen unter dem Titel „Der Landfrawen Gartten" veröffentlicht. Mrs. Fraire glaubt, daß das Muster so einfach ist, daß es auch von einem mathematisch Unbegabten nachgeahmt werden kann.

Buchsbaumhecken und Heiligenkraut markieren die Seitenlinien der beiden übereinanderliegenden Dreiecke. Der kreisförmige Rahmen besteht aus Lavendelstauden. Beider Mittelpunkt ist eine kleine Statue. Nelkentuffs in regelmäßiger Anordnung schaffen die gewünschten Farbeffekte.

Izaak Walton Cottage

Shugborough, Staffordshire

Izaak Walton (1593-1683) ist den passionierten Anglern als Verfasser des nachdenklichen Buches „Der vollkommene Angler“ bekannt. Er war ein renommierter Biograph und hat sich an den religiösen Auseinandersetzungen des 17. Jahrhunderts beteiligt. Sein erstes Werk war „Eine Elegie auf Dr. Donne“, den Dichter und Geistlichen, einen von Waltons bedeutendsten Freunden. Den „Vollkommenen Angler“ hat er zu seiner Entspannung geschrieben. Walton verbrachte einen Teil seines Lebens in Staffordshire, wo ihm die Halfhead Farm gehörte. Er vermachte sie der Stafford-Gesellschaft, von der sie die Izaak-Walton-Cottage-Gesellschaft im Jahre 1923 kaufte. Walton hat das Cottage zwar gekannt, aber er hat darin nicht ständig gewohnt; es gibt dort auch keine persönlichen Gegenstände von ihm. Dennoch ist es ein typisches Cottage aus dem 17. Jahrhundert, das jetzt mit Originalmöbeln aus der Zeit eingerichtet ist.

Der 15 x 10,60 m große Kräutergarten besteht aus zwei kleinen und zwei großen Beeten, die von einem Weg und einer Eibenhecke gesäumt werden. Die Kräuter, die hier wachsen, waren im späten 17. Jahrhundert allgemein bekannt. Zu jener Zeit legte man Wert auf Kräuter für medizinische Zwecke und auf solche, mit denen man die Luft in den Wohnräumen verbessern konnte. Bis vor etwa einhundert Jahren war es in den meisten Familien selbstverständlich, Arzneikräuter zu verwenden; daher kann uns der Kräutergarten am Izaak Walton Cottage veranschaulichen, wie wenig Zeit im Grunde vergangen ist, seitdem wir solcher Pflanzen dringend bedurften, um unser Leben gesünder und erträglicher zu machen.

Schloß Holme Pierrepont

Nottingham, Nottinghamshire

Das Schloß Holme Pierrepont ist ein bemerkenswertes Herrenhaus aus der frühen Tudorzeit. Es enthält noch mittelalterliche Wohnräume, zum Teil mit herrlichen Holzdecken aus der Zeit um 1400. Das große Mittelzimmer ist restauriert worden und dient jetzt als Saal für Opernaufführungen und Konzerte. Die Familie Pierrepont hat hier mehrere Jahrhunderte lang gewohnt.

Der viktorianische Garten mit seinen Arkaden an beiden Seiten entstand 1875 nach einem Entwurf des Architekten Beaumont und des Pfarrers Seymour. Die rechteckige, 27,50 x 10 m große Anlage ist ein Musterbeispiel für die damalige Epoche: Zentrale Blickpunkte sind hier die Sonnenuhr, exakt in der Mitte, und zwei Rundbeete auf der Mittelachse. Miteinander verschlungene kleine Beete und Wege bilden ein kunstvolles Parterremuster. Es gibt nur noch wenige viktorianische Gärten von solcher Qualität.

In der Zeit seiner Entstehung hätte man dieses Parterre nicht ausschließlich mit Kräutern bepflanzt, sondern auch Sommerblumen in formalen Arrangements verwendet. Die jetzigen Eigentümer, Mr. und Mrs. R. Brackenbury, setzen diese Tradition fort, indem sie hier gut gedeihende Kräuter mit solchen Sommerblumen und Stauden kombinieren, die zur Entstehungszeit des Gartens üblich waren. Auf diese Weise ist es ihnen gelungen, einen Gartentyp in das Gedächtnis der Menschen zurückzurufen, der fast ganz aus der Mode gekommen ist.

Schloß Hardwick

Chesterfield, Derbyshire

Mit Schloß Hardwick übertraf die vom Baufieber besessene Elizabeth Cavendish, fünfte Gräfin Shrewsbury, sich selbst. „Bess Hardwick mit dem Bautick“ überlebte vier Ehegatten, von denen jeder reicher als der Vorgänger war, und ließ in den letzten Jahren des 16. Jahrhunderts eigens für sich einen Landpalast in den Derbyshire Fells erbauen, der alle Maßstäbe sprengte. Zeitgenössische Adlige mokierten sich darüber:

„Mehr Glas als Stein:
Bess findet's fein!“

350 Jahre schlummerte das Schloß als Witwensitz der Herzoginnen von Derbyshire vor sich hin, bis es 1950, nicht freiwillig, sondern wegen der Erbschaftssteuern, dem *National Trust* übereignet wurde, der nun Schloß und Grundstück pflegt und als Pendant zu dem Schloß einen prachtvollen Kräutergarten geschaffen hat.

Dieser nimmt ein Viertel des riesigen, von Mauern umgebenen Gartens ein. Er ist 61 x 30,50 m groß und wird von einer Eiben- und einer Hainbuchenallee gegliedert. Jede Hauptabteilung besteht aus einem Rechteck, das von sehr breiten Rabatten gesäumt wird. In jeder Ecke setzen Bäume Akzente, und Pyramiden aus zweifarbigem Hopfen sowie Feuerbohnen auf hohen Stützpfählen heben zusätzlich das geometrische Muster der Anlage hervor. Einigen Beeten dient Gemeiner Gamander mit seinem glänzenden Blattwerk als Einfassung. Die einzelnen Beete sind so groß, daß die etwa hundert verschiedenen Kräuterarten gar nicht zur Geltung kämen, hätte man sie nicht in entsprechend großen Gruppen gepflanzt und Sorten mit klarem und eindrucksvollem Wuchscharakter gegeneinander gesetzt.

Es mutet wie eine Ironie des Schicksals an, wenn man vernimmt, daß ausgerechnet ein solcher typisch englischer Kräutergarten während der ersten acht Jahre seines Bestehens von einem Flüchtling aus Polen, Mr. John Jennings, gepflegt wurde. Er ist nun Chefgärtner auf dem Landsitz des Premierministers in Chequers.

Schloß Little Moreton

Congleton, Cheshire

Das Schloß Little Moreton ist ein perfekt erhaltener Fachwerk-Herrensitz mit einer Wallgrabenanlage. Die Familie Moreton schloß den langwierigen Bauprozeß im 16. Jahrhundert ab und verband dabei den nach innen gewandten mittelalterlich-gotischen Stil mit der extrovertierten Schauarchitektur der englischen Renaissance. Jenseits des Grabens befindet sich ein formaler elisabethanischer Garten in Parterre-Form. Das Grundmuster des Quadrats mit 18 Metern Seitenlänge stammt aus Leonard Meagers Buch „Der vollkommene Gärtner" von 1670. Paul Mills hat die Anlage im Jahre 1975 restauriert.

Der ganze Garten ist von einer neu gepflanzten Eibenhecke umgeben und besteht aus vier gleichen Abteilungen mit großzügigen, niedrig gehaltenen und gezackten Innenbeeten sowie zwei im formalen Stil bepflanzten rechteckigen Außenrabatten. Alle Beete haben gestutzte Eibeneinfassungen und Kiesschüttungen zur Hervorhebung des Musters. 50 Kräuterarten sind in symmetrischer Anordnung gepflanzt, so daß der Eindruck einer lebenden Stickerei entsteht. Dieses Flechtmuster nimmt in gewisser Weise das Fachwerkmuster des Hauses wieder auf, das die Zeiten überdauert hat und noch heute die Struktur des Bauwerks prägt. Dem *National Trust* sind eine große Anzahl von Gärten anvertraut worden, und man muß angesichts der enormen Kosten dankbar feststellen, daß er sich seiner Verpflichtung zur Traditionspflege bewußt ist und auch diesen Garten so wiederhergestellt hat, daß er dem Stil des Hauses angemessen ist.

Botanischer Garten von Liverpool

Ness, Cheshire

Als Arthur Bulley im Jahre 1898 sein bekanntes Haus mit der weiten Aussicht über das Mündungsgebiet des Dee und die walisischen Berge baute, legte er dort auch einen Garten an. Für Mr. Bulley, den leidenschaftlichen Pflanzensammler, war die riesige Fläche von 25 ha, die der Garten umfaßte, gerade groß genug. 1948 vermachte seine Tochter den Besitz der Universität Liverpool mit der Auflage, ihn als Botanischen Garten einzurichten und mehrere Abteilungen der Öffentlichkeit zugänglich zu machen.

1974 richtete die Universität einen langen, rechteckigen Kräutergarten dort ein. Dessen 24 Beete werden von zwei Hauptwegen geteilt. Einer von diesen ist ein Goldregenlaubengang und bildet daher im Frühsommer die besondere Attraktion des Gartens. Die Beete enthalten je eine oder zwei Kräuterarten, die nach ihrer Wuchshöhe ausgesucht wurden. Dazu gehören Bohnenkraut (*Satureja hortensis*), Pimpernelle und Engelwurz (*Angelica*). Die verschiedenen Minzensorten sind vorsichtigerweise auf kleine Beete verteilt, damit man ihren Ausbreitungsdrang zügeln kann. Wenn keine Nachtfrostgefahr mehr besteht, wird eines der Beete mit Basilikum (*Ocimum basilicum*) bepflanzt, damit die Besucher dessen köstliches Aroma genießen können. Diese Kräuterart gedeiht zwar im Mittelmeergebiet prächtig, in England bedarf sie aber aufwendiger Pflege, da die Sonne zu wenig scheint und der regelmäßige Regenguß zur Mittagszeit fehlt. Außerhalb des Kräutergartens verläuft parallel zu einer Lindenallee ein Geländer, an dem Etiketten in Blindenschrift befestigt sind, so daß Blinde besonders stark duftende Pflanzen bestimmen können, z. B. den Wohlriechenden Seidelbast (*Daphne odora*), die Limonenverbene, Ananas-Salbei, den Heliotrop, das Immergrüne Geißblatt, den Wohlriechenden Rhododendron (*Rhododendron fragrantissimum*) und viele andere.

Das Abbey House Museum

Leeds, West Yorkshire

Viele verbinden mit der Stadt Leeds nur die Vorstellung von der Schwerindustrie, der das England des 19. Jahrhunderts seinen Reichtum verdankt. Im Stadtzentrum gibt es in der Tat einige sehr eindrucksvolle Gebäude aus der viktorianischen Epoche. Aber man vergißt meist den bedeutenden Wollhandel, der vom Mittelalter an mehrere Jahrhunderte lang Wohlstand in die Stadt gebracht hat. Die Ruinen der alten Abteikirche und die Schätze in dem dortigen Abteimuseum zeugen von dem damaligen Reichtum.

Mitten in dem kleinen Abteipark wurde 1960 zur Erinnerung an die ehemalige Bürgermeisterin Mrs. Mary Pierce ein Kräutergarten mit den Maßen 23 x 15 m angelegt. Die Formgebung folgt traditionellen Vorstellungen: In der Mitte dient ein mittelalterlicher Säulenstumpf als Blickfang, an zwei Seiten erstrecken sich rechteckige Beete, die jeweils von vier weiteren Beeten umgeben sind; Stufen führen zu den mit Steinplatten ausgelegten Wegen hinauf, und der ganze Garten wird von einer breiten Lavendelhecke eingefaßt.

Etwa 30 verschiedene Kräuterarten sind im Garten vertreten, darunter besonders viele Thymian-Varietäten, die gut in vollsonniger Lage und durchlässigem Boden gedeihen. Vor allem der Feldthymian (*Thymus serpyllum*), den Shakespeare bereits erwähnt, fühlt sich hier sichtlich wohl. Will man Kräuter in der Küche benutzen, dann sollte man sie im allgemeinen nicht zum Blühen kommen lassen, sonst gehen ihre aromatischen Öle verloren; aber in diesem Schaugarten üben die blühenden Thymiane eine besonders starke Wirkung auf die Besucher aus. Trotz der nahen Hauptverkehrsstraße empfinden die Besucher den Aufenthalt im Garten als eine Erholung. Vielleicht wird hier manchem in seinen Mußestunden bewußt, wie viele der Kräuter, deren wir uns heute erfreuen, in den mittelalterlichen Klostergärten bereits vorhanden waren.

York Gate

Leeds, West Yorkshire

Mrs. Sybil Spencer war nicht im geringsten überrascht, als wir ihren Kräutergarten besichtigen wollten, denn sie erntet jetzt die gebührende Anerkennung für die vielen Jahre Arbeit, die sie in ihrem wirklich herrlichen 4050 m^2 großen Garten in dem schönen Vorort von Leeds investiert hat. Die Anlage ist ein Spiegel ihrer gärtnerischen Tüchtigkeit und ihrer Begabung als Gestalterin. Sie enthält zwei ganz unterschiedliche Abteilungen: Die eine ist dem Thema „Wasser" gewidmet, die andere verarbeitet Einflüsse der japanischen Gartenkunst. Daneben gibt es einen Laubengang aus Haselnußbüschen, ein Päonienbeet, eine Irisrabatte, einen sogenannten weißen Garten, ein Pflasterlabyrinth und ein Miniaturpinetum.

Der Kräutergarten ist 9 x 3 m groß und wird auf den Längsseiten von hohen Eibenhecken begrenzt. Ein breiter Mittelweg führt zu einem mit Säulen geschmückten Sommerhaus. Vier buntlaubige Buchsbaumkugeln markieren die Stelle, an der der Weg seine Form verändert, und die vier Buchsbäume in Korkenzieherform stehen jeweils an den Endpunkten der beiden Hauptrabatten. Mrs. Spencer zieht 50 verschiedene Kräuterarten einschließlich Rotem Salbei, Riesenkugellauch (*Allium christophii*), Bronze-Fenchel, Engelwurz und Zitronenmelisse. Die Standorte der Kräuter sind sorgfältig nach ihrer Farbwirkung ausgewählt, so daß das Auge ästhetisch sehr befriedigende Kontraste wahrnimmt: dunklere und hellere Grüntöne, Abstufungen von Bronze, Hellgelb und Goldgelb, und dazwischen weiße und rosafarbene Sternblüten der verschiedensten Kräuter. Dieser Ort eignet sich gut zur Kontemplation. Man sitzt unter dem Säulenvorbau des Sommerhauses, erfreut sich an der Schönheit des Gartens und kommt innerlich zur Ruhe.

Schloß Stockeld Park

Wetherby, North Yorkshire

Der prächtige Landsitz Stockeld Park entstand 1758 nach den Plänen von James Paine. Das Haus besticht noch heute durch seine großartige Inneneinrichtung und die schön geschwungene Treppe. Die Familie der jetzigen Besitzerin, Mrs. Rosalind Gough, kaufte den Landsitz im 19. Jahrhundert. Innerhalb des weitläufigen Parks befindet sich gleich an der Südseite des Hauses ein kleiner Kräutergarten.

Der Entwurf für diese wie auch für die Anlage im Küchenhof des Emmanuel College in Cambridge stammt von dem Gartenarchitekten John Codrington. Er entschied sich für ein Quadrat von neun Metern Seitenlänge, in das er vier große äußere Rundbeete von je drei Metern Durchmesser und vier kleinere ebenfalls runde Beete als regelmäßig geformte Zentralgruppe einfügte. Die Beetränder sind aus Beton gegossen, und die größeren sind zusätzlich in betonierte Sektoren eingeteilt, so daß sie wie Wagenräder aussehen. Die Pflanzen wurden in eine unkrautabwehrende Kiesdecke eingelassen, die gleichzeitig dafür sorgt, daß die unterschiedlichen Formen des Blattwerks sich wirkungsvoll voneinander abheben. Der klare Wuchs der dunkelgrünen Zypressen (*Cupressus fastigiatus „Skyrocket“*) liefert den notwendigen vertikalen Akzent.

Oft empfehlen Autoren von Büchern über Kräutergärten Beete in der Form von Wagenrädern. Man muß jedoch die Pflanzen sehr sorgfältig nach ihrer endgültigen Wuchshöhe auswählen, wenn dieses Beetmuster auf die Dauer überzeugen soll. Hohe Kräuter, wie Engelwurz, Liebstöckel oder Kerbel stören im Hochsommer die Proportionen innerhalb solcher Beete. Alle Kräuter müssen außerdem stets so weit gestutzt werden, daß das Grundmuster erkennbar bleibt und nicht überwachsen wird. Der Garten in Stockeld erfüllt diese Forderungen und zeigt sehr anschaulich, wie eindrucksvoll eine solche Anlage sein kann, wenn sie von einem Fachmann gestaltet ist.

Die Gärten von Harlow Car

Harrogate, North Yorkshire

Harlow Car ist der Sitz der Gartenbaugesellschaft von Nordengland. Der dazu gehörende Schaugarten zeigt neben Kräutern zehn Pflanzengruppen für Spezialisten: Steingartenpflanzen, Ritterspornvarietäten, eßbare Pflanzen, Heidearten, Lilien, Rhododendren, Rosen, Bäume, Sträucher, Halbsträucher, Orchideen und Farne. Hohe Feldsteinmauern umgeben das nach Süden offene Areal, das von Wegen mit Natursteinpflaster in drei Abteilungen gegliedert wird, während Querwege im Abstand von 4,50 m die Rabatten an den Mauern noch einmal teilen, damit das Pflanzen, Unkrautjäten und Ernten leichter wird.

Die im Kräutergarten auf einer Fläche von 27,50 x 12,80 m wachsenden Pflanzen bieten gutes und anregendes Anschauungsmaterial für jeden, der in kühlen Landstrichen wohnt.

Dieser Garten enthält aber auch Pflanzen, die man eher in südlicheren Klimaten vermuten würde. Die Beete an den Mauern sind überwiegend mit Bodendeckern wie Thymian, Immergrün und Günsel (*Ajuga*) bepflanzt, auf einigen anderen findet man verschiedene Heidekrautarten, und auf dem langen Mittelbeet kommen dank der sonnigen Lage und der schützenden Mauern auch 60 mittelmeerische Kräuter zur Vollreife. Die meisten ausdauernden Kräuter sind genügend winterhart, und solange der Boden durchlässig ist, bereitet ihre Kultur in ganz England und anderen Ländern mit gemäßigtem Klima nur wenig Kopfzerbrechen. Der Kräutergarten in Harlow Car ist der beste Beweis dafür.

Schloß Broughton

Skipton, North Yorkshire

Neunundzwanzig Generationen der Familie Tempest haben seit 1120 im Schloß Broughton gewohnt, ein einzigartiges Faktum in der Geschichte der wenigen unbeugsamen römisch-katholischen Geschlechter, die ihrer Kirche auch nach der Reformation treu geblieben sind. Erst in der zweiten Hälfte des 18. Jahrhunderts hatte die Familie genügend Mittel, um den alten Herrensitz renovieren zu lassen. 1810 kamen zwei neue Flügel und die eindrucksvolle Säulenhalle hinzu; außerdem wurde die Inneneinrichtung neu gestaltet.

Beiderseits des Schlosses erstreckt sich ein englischer Landschaftsgarten bis zu den Wäldern am Horizont. Die schöne Orangerie im Basilikastil, die Gartenterrassen und der Italienische Garten mit seinen Balustraden und Statuen sind das Werk des Landschaftsarchitekten William Nesfield, der mit dem Maler Turner befreundet war. „Einen so schwierigen Auftrag hat mir noch nie jemand erteilt", schrieb Nesfield an Sir Charles Tempest. Er bezog sich dabei auf das sehr ungünstige Gelände. Dank seines Könnens ist der Garten aber zu einem Triumph des Menschen über die Natur geworden. An der steil abfallenden Westflanke des Hauses legte Nesfield zwei kunstvoll erdachte Parterres im französischen Stil an. Das eine ist ein Rechteck von 25,50 x 18 m, das andere mißt 9 x 6 m und hat unregelmäßig geschwungene Seiten. Die Muster beider Gärten werden von niedrigen Buchsbaumhecken gebildet, die man stets mit peinlicher Sorgfalt stutzt. Einen Teil der Felder kann man mit geeigneten Kräutern bepflanzen (siehe auch S. 43).

Acorn Bank

Penrith, Cumbria

Der *National Trust* hat viele unbekannte Kleinode in seinem Besitz. Eines von diesen ist der Kräutergarten in Acorn Bank. Gegenüber dem langgestreckten Herrenhaus aus rosa Granitsteinen, das im 16. Jahrhundert erbaut wurde, ist in einem von Mauern umgebenen Garten einer der interessantesten Apothekergärten Englands entstanden. Vor einigen Jahren wurden 30 000 Pfund Sterling gesammelt, so daß ein Gärtner und eine Auskunftsperson stundenweise eingestellt werden konnten.

Vom 11. bis zum 16. Jahrhundert gehörte Acorn Bank dem Templerorden und den *Knights Hospitallers*. Daher lag es auf der Hand, daß man hier nur Heilkräuter pflanzte. Der Kräutergarten stammt aus dem Jahr 1962. Zwei Pfade teilen die Anlage in lange Rabatten und ein Mittelbeet, in dessen Zentrum eine Quitte wächst. Folgende Arzneikräuter wachsen auf den Beeten:

Storchschnabel (*Geranium*), Zwergholunder (*Sambucus ebulus*), Baldrian (*Valeriana*), Tollkirsche (*Atropa belladonna*), Stechapfel (*Datura*), Kermesbeere (*Phytolacca americana*), Weißer Andorn (*Marrubium vulgare*), Sanikel (*Sanicula*), Heilziest (*Betonica officinalis*), Gelbe Schwertlilie (*Iris pseudacorus*), Mutterkraut (*Chrysanthemum parthenium*), Gemeiner Natternkopf (*Echium vulgare*), Flohkraut (*Pulicaria dysenterica*), Hahnenfuß (*Ranunculus*), Amerikanische Narde (*Nardostachys jatamansi*), Arnika (*Arnica montana*), Bilsenkraut (*Hyoscyamus niger*), Schlafmohn (*Papaver somniferum*), Küchenschelle (*Pulsatilla*), Gefleckter Schierling (*Conium maculatum*), Beinwell (*Symphytum*), Haselwurz (*Asarum*), Kleine Braunelle (*Prunella vulgaris*), Einbeere (*Trillium erectum*), Blutwurz (*Potentilla erecta*), Eisenhut (*Aconitum*), Fingerhut (*Digitalis*), Maiglöckchen (*Convallaria majalis*) und Königsfarn (*Osmunda regalis*).

Das ist eine erstaunliche Kollektion. Sie verdeutlicht, wie wichtig die Heilpflanzen für die Menschheit gewesen sind. Wie schön sie auch sein können, wenn sie in einem ansprechenden Rahmen heranwachsen, das erlebt man hier in jedem Jahr zur Hochsommerzeit inmitten der verschiedensten Düfte.

Der Kräutergarten in Peterborough

Peterborough, Cambridgeshire

Bevor Mrs. Elizabeth Peplow den Kräutergarten an der Kathedrale von Peterborough entwarf, forschte sie in uralten Akten nach und fand heraus, daß im Jahre 1302 der Abt „einen herrlichen Kräutergarten in der Nähe des Derby Yard – *Gardiaum Dereby* – angelegt und ihn mit einem Doppelgraben und Brücken sowie mit köstlichen Kräutern – *Herbis delicatissimis* – ausgestattet hatte." Das Grundstück für diesen Garten war 0,8 ha groß und kostete damals 25 Pfund, was heute 15 000 Pfund Sterling wären. Aus John Harveys Buch „Mittelalterliche Gärten" von 1981 wissen wir außerdem, wo der Garten ursprünglich lag. Aus Platzgründen mußte man den neuen Kräutergarten aber an die Südseite der Klostermauern verlegen. Er mißt 36,50 x 0,80 m. Mrs. Peplow hat nur Pflanzen ausgewählt, die auch im Mittelalter dort anzutreffen waren, wie Engelwurz, Lorbeer, Kamille, Gemeinen Gamander (*Teucrium*), Gelben Majoran, Päonien, Poleiminze (*Mentha pulegium*), Granatapfelbaum, Apothekerrose, Rosmarin, Gartenraute (*Ruta graveolens*), Salbei, Stabwurz, Eberraute (*Artemisia abrotanum*), Rainfarn, Wurmkraut, Thymian, Waldmeister, Lavendel und Madonnenlilien.

Daß ein Granatapfelbaum zur Bepflanzung gehört, hat einen tieferen Sinn, denn die Frucht war das Emblem der Katharina von Aragon, der ersten Frau von König Heinrich VIII., die in der Domfreiheit beigesetzt wurde. Die vorausgegangene Scheidung führte damals zur Auflösung der Klöster. Das Kloster von Peterborough wurde 1539 vom Bannstrahl des Königs getroffen, aber bereits 1541 wieder als Kathedrale geweiht. Mrs. Peplows sorgfältige wissenschaftliche Rekonstruktion veranschaulicht jedem Besucher deutlich, welche Kräuter die Mönche im Mittelalter benutzt haben.

Emmanuel College

Cambridge

Als einziges der Colleges von Oxford und Cambridge hat das Emmanuel College einen Kräutergarten in seinem Küchenhof. Gutes Essen ist viele Jahrhunderte lang das Vorrecht der Speisenden am Professorentisch gewesen, die Studenten mußten sich oft mit minder Gutem begnügen. 1961 beschloß das Emmanuel College, den Küchenhof neu zu gestalten und beauftragte John Codrington mit der Gesamtplanung. Diesem fiel auf, daß der Hof kein regelmäßiges Rechteck ist und daß die Studenten ihn in verschiedenen Richtungen überquerten, je nachdem, auf welche Tür beziehungsweise welchen Durchgang sie zustrebten. Der Raum zwischen diesen „Trampelpfaden" bildet die Form der Beete, auf denen jetzt die Kräuter wachsen. Das Ergebnis ist ein sehr modern anmutendes Muster mit spitzen und stumpfen Winkeln. Die Beete sind mit Buchsbaum eingefaßt und weisen etwa 20 verschiedene Kräuterarten auf.

Codrington hatte ursprünglich vorgeschlagen, daß diese durch verschiedenfarbigen Kies hindurchwachsen und daß auf anderen Beeten Anthrazitkörner als Bodenabdeckung benutzt werden sollten, damit das Blattwerk der Gefleckten Minze und der Gelben Frauenminze besser zur Geltung käme. Im 17. und 18. Jahrhundert machte man nämlich oft Gebrauch von verschiedenfarbigen Kieselsteinen, um die kunstvollen Muster der Blumenparterres zu betonen. Manchmal vermischte man den Kies auch mit Glassplittern, damit der Garten im Sonnenlicht glitzerte.

Codrington pflanzte einen Lorbeerbaum und einen Eukalyptusbaum jeweils in die Mitte eines Beetes, vergaß aber, den Gärtnern einzuschärfen, beide Bäume in gleicher Höhe zu halten. So kam es, daß der Lorbeer sich nun wie ein Zwerg neben dem Eukalyptus ausnimmt, der stattliche neun Meter Höhe erreicht hat. Das schlichte und doch ausdrucksvolle Muster dieses Küchengartens überspielt jedoch solche Mängel; es sieht auch im Winter interessant aus, und wenn Schnee gefallen ist, erinnert es an einen japanischen Holzschnitt.

Schloß Oxburgh

Swaffham, Norfolk

Schloß Oxburgh wurde im Jahre 1482 von Sir Edmund Bendingfeld erbaut und befand sich über 450 Jahre lang im Besitz der Familie, bis die verwitwete Lady Bendingfeld das Schloß 1952 dem *National Trust* vermachte. Das Gebäude aus hellrotem Ziegelstein mit dem breiten Wassergraben und dem herrlichen Eingangstor gehört zu den malerischsten, die aus jener Zeit erhalten geblieben sind.

Vom Turm hat man einen großartigen Blick auf die Gartenanlagen, insbesondere auf den Französischen Garten mit seinem prächtigen Parterre, das auf einer Abbildung in dem Buch „La Théorie et la Pratique du Jardinage“ (1709) von Antoine Joseph Dezallier D'Argenville beruht. Mitglieder der Familie Bendingfeld lernten etwa 1845 einen ähnlichen Garten bei Paris kennen. Kies bildet den Kontrast zu den Pflanzen und dient gleichzeitig als Belag für die Wege. Von einem zentralen Rundbeet strahlen vier große schneckenförmige Beete aus, die zwei handförmig gefingerte Beete an den beiden Seiten der Anlage einfassen. Sechzehn Buchsbaumkugeln setzen Akzente in der Anlage, deren Konturen durch die mit Buchsbaum eingefaßten Beete und den Verlauf der Wege hervorgehoben werden. Die Füllung der Beete besteht aus gestutztem Heiligenkraut (*Santolina chamaecyparissus*) und Gartenraute (*Ruta graveolens „Jackmans Blue“*) sowie dazwischen gepflanzten Sammetblumen (*Tagetes patula*) und Leberbalsam (*Ageratum houstonianum*). Vor einigen Jahren wurde das ziemlich heruntergekommene Parterre vom *National Trust* wiederhergestellt, der vernünftigerweise statt der vorher verwendeten Sommerblumen eine dauerhafte Staudenpflanzung wählte.

In der Nähe dieses Parterres gibt es einen weiteren Garten, der innerhalb von hohen Eibenhecken und einer Ziegelmauer liegt. Auf dem darin befindlichen dreieckigen Beet von 22 Metern Länge und 5,50 Metern größter Breite wachsen 50 verschiedene Kräuterarten, und zwar nur solche, die in der Küche von Schloß Oxburgh benötigt wurden, als der Bauherr, Sir Edmund, seinen König, Richard II., bewirtete.

Mrs. L. Bremness' Kräutergarten

in Netherfield, Rougham, Suffolk

Im Jahre 1977 stellte die „Gesellschaft der Kräuterliebhaber Großbritanniens" zum erstenmal Kräuter auf der Blumenschau in Chelsea vor. Im selben Jahr wurde dort der Entwurf für einen Kräutergarten prämiert, den Mrs. Lesley Bremness eingereicht hatte. Durch diesen Erfolg ermutigt, gründete sie eine eigene Kräutergärtnerei und legte einen Schaugarten hinter ihrem 400 Jahre alten Cottage an. Er ist rechteckig (14 x 10 m) und befindet sich inmitten einer Rasenfläche. Das Mittelbeet ist ein diagonal gestelltes Rechteck mit gepflasterten Pfaden. In der Nähe des Eingangs heißt ein Beet mit teppichbildender Kamille den Besucher willkommen; am gegenüberliegenden Ende steht eine Art gemauerter Ruhebank mit einem Polster aus derselben Kamille. Hier wurde eine Anregung von Sir Francis Bacon aufgegriffen, der bereits im Jahre 1625 eine solche Einrichtung als besonderen Garteneffekt in seinem berühmten Essay „Über Gärten" empfohlen hatte.

Das „Begrüßungsbeet" wird von zwei kleineren Rabatten mit Heilkräutern des 16. Jahrhunderts, die Ruhebank von entsprechenden Rabatten mit Salatkräutern derselben Epoche flankiert. Auf dem Mittelbeet wachsen vier Gruppen von Kräutern: sechs verschiedene Salbeiarten, sechs Majoranarten, sechs Rosmarinvarietäten und 25 kriechende Thymiane. Eine Längsseite des Gartens wird von einer Rabatte mit hohen Kräutern sowie einer Laube gesäumt, an der roter Wein, Geißblatt, Jasmin, Rosen und Fingerblättrige Akebie (*Akebia quinata*) ranken. Die andere Längsseite bildet eine Kirschenallee, zu deren Füßen sich im Frühling ein Meer von Blüten ausdehnt.

Insgesamt hat Mrs. Bremness mehr als 200 verschiedene Kräuterarten in ihrem Schaugarten versammelt; 150 Arten stehen bei ihr zum Verkauf, darunter auch solche aus ihrer Heimat Kanada.

Das Haus des Malers Gainsborough

Sudbury, Suffolk

Das Gainsborough-Haus mit seinem Zentralportikus ist ein typisches Backstein-Stadthaus des 18. Jahrhunderts. Thomas Gainsborough, der berühmte Porträtmaler dieser Zeit, wurde hier im Jahre 1727 geboren. Das Haus ist jetzt der Sitz der Gainsborough-Gesellschaft und enthält viele Dokumente und Zeichnungen des Künstlers. In dem alten Stadtgarten hinter dem Haus entstand ein Kräutergarten.

Er ist 21 x 8,20 m groß und wird durch einen breiten Weg von der Hintertür bis zu der gegenüberliegenden hohen Mauer gegliedert. Eine Lavendelrabatte säumt eine Seite des Weges; in der Nähe der Tür wachsen Rosmarinbüsche und Irische Goldeiben; Trittsteine trennen zwei quadratische Beete von den rechteckigen Rabatten. Ein besonderer Akzent ergibt sich durch den schwarzen Maulbeerbaum, der bei Gainsboroughs Geburt schon 120 Jahre alt war. Die 15 Kräuterarten sind so übersichtlich angeordnet, daß die Pflege keine Schwierigkeiten bereitet. Ausdauernde Kräuter kann man ohne viel Mühe in Ordnung halten, wenn sie gut besonnt sind und der Boden nicht zu feucht ist. Man muß die Pflanzen lediglich im Herbst herunterschneiden und die Beete im Frühling aufräumen, bevor das neue Wachstum beginnt. Dünger benötigen sie so gut wie nicht; ein bißchen zuviel davon bewirkt sofort, daß sie ins Kraut schießen und ihre aromatischen Öle nicht die erwünschte Konzentration erreichen.

Schloß Knebworth

Knebworth, Hertfordshire

Knebworth befindet sich seit 1492 im Besitz der Familie Lytton. Das jetzige Schloß aus der frühviktorianischen Epoche ist nur ein Viertel so groß wie seine Vorgänger. Sir Edward Bulwer Lytton und seine Mutter Lady Elizabeth ließen es etwa 1830 im pseudogotischen Stil errichten, den sie so sehr liebten. Die Tochter, Lady Emily, heiratete den berühmten edwardianischen Architekten Sir Edwin Lutyens, und dieser gestaltete 1908 mit Hilfe seiner Mentorin und Mitarbeiterin Gertrude Jekyll den Garten um. Der von dichtstehenden Linden gesäumte Teil sowie der Teich abseits der Gartenansicht erinnert mit seinen Anleihen bei der Hofkunst der Moguln an die Zeit, als Sir Edward Vizekönig von Indien war. Über die weibliche Linie gelangte das Schloß in den Besitz der gegenwärtigen Eigentümer, The Honourable David und Mrs. Lytton-Cobbold, die heute nur drei Gärtner beschäftigen statt der vierzehn vor dem ersten Weltkrieg.

Gertrude Jekyll entwarf die Bepflanzung für die fünf ineinander übergehenden Rundbeete, einen sogenannten Quincunx; aber ihr Plan wurde nicht ausgeführt. 1980 erhielt die Familie von der Fakultät für Landschaftsgestaltung an der Universität von Kalifornien in Berkeley die Nachricht, daß Miss Jekylls Originalentwurf sich in ihrem Besitz befinde, und so konnte der Quincunx aus Backstein wiederhergestellt und wie vorgesehen bepflanzt werden, nämlich mit Beifuß, Estragon, Marienblatt (*Chrysanthemum balsamita*), Ysop, Zitronenmelisse, Gartenraute (*Ruta graveolens*), Thymian, Rosmarin, Salbei, Lavendel, Heiligenkraut, Kerbel, Fenchel, Majoran und Andorn (*Marrubium vulgare*). Es ist ein glücklicher Umstand, daß ein kleiner Kräutergarten von zwei der bedeutendsten Gartenarchitekten Englands nun die Zierde eines Herrensitzes geworden ist, mit dem so viele geschichtliche Ereignisse und kühne Lebensentwürfe verbunden sind.

Schloß Hatfield

Hatfield, Hertfordshire

Als Lord und Lady Salisbury das Schloß Hatfield im Jahre 1972 erbten, war der bedeutende Palast aus der Zeit Jakobs I. (1603-25) in gutem Zustand, aber die Gartenanlagen, die John Tradescant der Ältere (siehe Seite 79) 1609 für Sir Robert Cecil entworfen hatte, waren so gut wie nicht mehr vorhanden.

Heute weist Hatfield House wieder vier schöne Gärten auf. Von der breiten Terrasse der Ostseite führt eine Doppeltreppe mit einer Steinbalustrade hinunter in den ersten Garten im formalen Stil, der an zwei Seiten von gestutzten Hochstamm-Stechpalmen gesäumt wird. Die acht quadratischen Mittelbeete besitzen eine Einfassung aus Buchsbaum und sind mit alten Rosen, Ziersträuchern und Kräutern bepflanzt.

Der zweite Garten, ein großes Rechteck mit dichtstehenden Linden zu beiden Längsseiten, befindet sich unterhalb der Westseite des Schlosses. Hohe Eibenhekken bieten vier großen, mit Lavendel eingefaßten Beeten Schutz, auf denen Duftpflanzen blühen. Das Zentrum wird von einer Fontäne gebildet, deren rauschender Wasserstrahl Leben in das Ensemble bringt. Etwas tiefer schließt sich der dritte Garten an, ein rechteckiger Kräutergarten mitten auf einer Rasenfläche. Seine Struktur erhält er durch Pfade, die im Stil des 17. Jahrhunderts mit einem betretbaren Kamillenteppich bewachsen sind. Auf den drei ovalen, konzentrisch um eine Sonnenuhr angeordneten Mittelbeeten wachsen normale Küchenkräuter, und Geißblatthochstämme sorgen für vertikale Akzente.

Der vierte Garten vor dem noch verbleibenden Flügel des alten Palastes ist ein versenkter Garten mit dem formalen Liebesknotenmuster: Auf einer Fläche von 45 Metern im Quadrat enthält er ein Sortiment von Blütenstauden und Kräutern, die auf den Herrensitzen des 16. und 17. Jahrhunderts üblich waren. Ein Teil des Gartens ist einem Fußlabyrinth aus gestutztem Zwergbuchsbaum und Kies vorbehalten. Der Besucher kann sich in Geißblatt- und Rosenlauben entspannen und findet Freude an den Statuen und den Terrakottatöpfen, deren althergebrachte Holzringe duftenden Nelken als Stütze dienen.

Der Apothekergarten in Chelsea

Chelsea, London

Der zweitälteste Arzneikräutergarten Englands wurde im Jahre 1673 von der „Ehrenwerten Gesellschaft der Apotheker“ im Londoner Stadtteil Chelsea angelegt. 1722 schenkte der Eigentümer Sir Hans Sloane der Gesellschaft das Grundstück. Diese mußte dafür der Königlichen Akademie der Wissenschaften 2000 Pflanzen „gepreßt und aufgezogen“, und zwar je 50 pro Jahr, liefern und den Garten „zur Ehre Gottes und Seiner Allmacht, die sichtbarlich wirckt in Seiner Schöpfung“ pflegen, andernfalls sollte das Grundstück an die Familie Sloane zurückfallen. Bis 1795 wurden im Garten immerhin 3700 Herbarienbögen angefertigt.

Heute enthält der Garten 4500 verschiedene Pflanzenarten, die nach dem modifizierten System von Bentham und Hooke gepflanzt sind. 1732 erhielt James Oglethorpe, der Gründer der Kolonie Georgia in den heutigen USA, Baumwollsamen von dort und konnte damit die Baumwollindustrie in Amerika begründen. 1733 besuchte der große Linné den Garten, sammelte da Pflanzen und nahm auch getrocknete Exemplare mit.

Der für Kräuter reservierte Teil des Gartens weist etwa 300 verschiedene Arten auf, deren Anordnung jeweils nach ihrem Gebrauch für die Küche, für die Heilkunst, die Parfümherstellung und die Färberei unterteilt ist. Jede Art ist mit ihrem englischen und dem botanischen Namen ausgeschildert, so daß nicht nur dem wissenschaftlichen Interesse der Gartenbaustudenten, sondern auch dem Gartenliebhaber gedient ist, der hier in einer Oase der Ruhe, mitten in London, die verschiedenen Entwicklungsstadien der Kräuter im Laufe einer Wachstumsperiode miterleben kann. Der Apothekergarten ist von April bis Oktober mittwochs und sonntags von 14 bis 17 Uhr geöffnet.

SACRED
TO THE MEMORY OF
WILLIAM BLIGH, ESQUIRE, F.R.S.
VICE ADMIRAL OF THE BLUE.
THE CELEBRATED NAVIGATOR
WHO FIRST TRANSPLANTED THE BREAD FRUIT TREE
FROM OTAHEITE TO THE WEST INDIES,
BRAVELY FOUGHT THE BATTLES OF HIS COUNTRY,
AND DIED BELOVED, RESPECTED, AND LAMENTED,
ON THE 7TH DAY OF DECEMBER, 1817,
AGED 64.

Der Garten des John Tradescant

St. Mary-at-Lambeth, London

John Tradescant der Ältere ist einer der ersten englischen Gärtner und Pflanzensammler, über dessen Leben zuverlässige Nachrichten vorliegen. Er wurde etwa 1570 geboren, war Obergärtner bei Sir Robert Cecil in Hatfield House und bei der Königin Henriette Maria, der Frau von König Karl I.; Tradescant nannte sie die „Königin der Rosen und Lilien." Zusammen mit seinem Sohn sammelte er auf weiten Reisen nach Amerika und Rußland seltene Pflanzen und stellte diese in seinem Haus in Lambeth aus. So entstand das erste öffentliche Museum in London, „die Arche", wie der Volksmund es taufte. 1637 wurde John der Ältere zum Leiter des Botanischen Gartens in London bestellt, starb aber bereits ein Jahr später. Elias Ashmole kaufte die Pflanzensammlung in Lambeth und begründete damit das später berühmt gewordene *Ashmolian Museum* in Oxford.

Vater und Sohn Tradescant sind auf dem Friedhof von St. Mary-at-Lambeth beigesetzt, dessen ehemalige Kirche das „Museum für die Geschichte der Gartenkultur" beherbergt. Zu Ehren der Familie Tradescant entwarf Lady Salisbury (siehe S. 132), die mit Sir Robert Cecil verwandt ist, dort im Jahre 1982 einen Kräutergarten. Auf einer quadratischen Grundfläche von neun Metern Seitenlänge bilden ineinander verschlungene Kreise und Halbkreise aus niedrigen Buchsbaumhecken Beete, deren Zentrum durch einen buntlaubigen Buchsbaumbusch betont wird. Dreimal erscheint auf den Beeten der Anfangsbuchstabe des berühmten Gärtners, ein T, das aus Büschen von grauem Heiligenkraut (*Santolina incana*) gebildet wird. Die 32 übrigen Kräuterarten waren den Tradescants bekannt und gehörten zum Grundbestand eines jeden Gartens im 17. Jahrhundert. An einer Seite befindet sich das Grabdenkmal für Kapitän Bligh von der „Bounty"; nicht weit davon plätschert Wasser aus einer Löwenkopffontäne in ein Becken.

Der Königinnen-Garten in Kew

Botanischer Garten, Richmond, Groß-London

Der Königliche Botanische Garten in Kew wurde Ende des 17. Jahrhunderts von Prinzessin Augusta, der Schwiegertochter Georgs II., gegründet, als der dortige Palast im holländischen Stil entstand. 1964 entwarf Sir George Taylor, der damalige Leiter der Anlage, hinter dem Palast zwei Gärten, um die Gesamtanlage zu vervollständigen, und zwar ein Parterre im französischen Stil (45 x 23 m), das die Erinnerung an das zeremonielle Hofleben der Aristokratie wachruft, und einen Duftgarten. Der letztere ist 45 x 12 m groß und wird an drei Seiten durch Laubengänge aus Goldregenspalieren begrenzt. In der Mitte steht ein schmiedeeisernes Zierornament im Stil von Jean Tijou, dessen Vergoldung seine beherrschende Lage zwischen zwei Rechteckbeeten noch betont. Diese Beete sind durch Wege von den leicht ansteigenden äußeren Beeten abgehoben, die den ganzen Garten einrahmen. An einem Ende befindet sich eine Art Sitzbank aus Teppichkamille, eine Lieblingsidee des 17. Jahrhunderts. Alle Beete sind mit Buchsbaum eingefaßt und enthalten eine Fülle von duftenden Kräutern und Stauden, die man im 16. und 17. Jahrhundert in den Wohnräumen benutzte. Man streute damals eine Mischung aus frisch geschnittenem Mädesüß, Lavendel, Wermut und anderen Pflanzen auf die vorher gereinigten Fußböden, um die Luft zu verbessern und die Gerüche zu überdecken, die durch die unzureichende Kanalisation entstanden. Wer einen Duftgarten im formalen Stil anlegen möchte, sollte Kew besichtigen und sich dort Anregungen holen.

Mrs. Raworth's Kräutergarten

in Twickenham, Groß-London

Mrs. Jenny Raworth ist gelernte Blumenbinderin und Expertin für Hochzeitsdekorationen. Daher steht jeder Quadratzentimeter ihres Gartens in der Saint George's Road Nr. 7 im Dienste ihres Gewerbes und liefert die benötigten Blumen. Sie hat es fertiggebracht, auf einer Fläche von lediglich einem zehntel Hektar zwei Kräutergärten unterzubringen: Der Bienengarten wird, wie üblich, von zwei sich kreuzenden Wegen in Viertel geteilt und hat in der Mitte eine Vogeltränke. Jedes der vier Beete weist als Zentrum eine Buchsbaumkugel auf und ist von niedrigen Buchsbaumhecken eingefaßt. 50 Kräuterarten, darunter verschiedene kriechende Thymiane, bilden im Verein mit Ysop und Zitronenmelisse eine hervorragende Bienenweide. Die beiden Bienenstöcke stehen in unmittelbarer Nähe am Rande des Gartens. Als wir Mrs. Raworth besuchten, hatte sie gerade den Honig geerntet, und die Bienen waren sehr aufgeregt. An einem ruhigen Tag muß es wohl herrlich sein, in diesem Garten zu sitzen. Man merkt dann auch kaum, daß der Zubringer der Autobahn nach London in unmittelbarer Nähe liegt.

Direkt an der Küche befindet sich der zweite, geometrisch angelegte Garten (7,30 x 5,50 m). Eine 2,50 m hohe Eibenhecke in Form eines Hufeisens gewährt den beiden Beeten wirksamen Schutz. Auch diese sind mit Buchsbaum eingefaßt und weisen als Bepflanzung ausschließlich Heiligenkraut (*Santolina*) auf. Vier Korkenzieherbuchsbäume in Terrakottakübeln liefern die notwendigen senkrechten Akzente, und von einer Bank an der Rundung des Hufeisens aus kann man diesen berückenden kleinen Garten voll genießen.

Schloß Ham

Richmond, Groß-London

Das Schloß wurde 1670 auf Veranlassung des ersten Herzogs von Lauderdale, eines der reichsten Aristokraten seiner Zeit, erbaut, in der Absicht, seinen Standesgenossen sowie der ganzen Welt durch äußerste Prachtentfaltung zu zeigen, wie weit er es im Leben gebracht hatte. Fast alle Schnitzereien und Zierleisten waren vergoldet, die Wände mit Samt, Damast und Tapisserien behängt, die Zimmer voll kostbarster Möbel, Staatsbetten, Kandelaber aus massivem Silber und importiertem Porzellan. Als Sir Lyonel Tollemache das Schloß 1947 dem *National Trust* vermachte, war die ehemalige Pracht verblichen und der formale Garten fast völlig verschwunden. Der Trust hat die Inneneinrichtung in ihrem alten Glanz wiederhergestellt und den Garten an Hand eines Gemäldes aus dem späten 17. Jahrhundert neu erstehen lassen.

An der Gartenfront des Hauses wurden Lindenalleen in Anlehnung an den formalen französischen Garten gepflanzt. An der 61 Meter langen Terrasse liegt eine Rabatte, auf der Gruppen von Rosmarin sowie Salbei in lilafarbenen, grünen und goldgelben Schattierungen einander regelmäßig ablösen. An der Ostseite des Schlosses erstreckt sich ein rechteckiges, 41 x 36,50 m messendes Parterre, das teils von einer dichtstehenden Lindenallee, teils von hohen Eibenhecken flankiert wird. Zwei Hauptwege kreuzen sich in der Mitte und bilden rechteckige Beete, deren Buchsbaumeinfassung in regelmäßigen Abständen von höheren Buchsbaumkegeln überragt wird.

Die Bepflanzung besteht aus hunderten von sorgfältig gestutzten Halbkugeln aus Heiligenkraut (*Santolina chamaecyparissus*).

Solche Gärten waren im 17. und frühen 18. Jahrhundert sehr beliebt, aber fast alle verschwanden, als Capability Browns Vorstellung von einer „naturgemäßen Gartenkunst" sich ausbreitete und Mode wurde.

Der Kräutergarten von Wisley

Wisley, Surrey

Der seit vielen Jahren bestehende Kräutergarten der Königlichen Gartenbaugesellschaft in Wisley wurde vor kurzem von David Palmer umgestaltet und den Bedürfnissen von behinderten Besuchern angepaßt. Hainbuchen, *Phellodendron,* Feuerdorn und Rosmarin bilden Hecken von verschiedener Höhe. Im Kreuzungspunkt von vier diagonal angelegten Pflasterwegen zieht eine Sonnenuhr den Blick auf sich. Der Garten ist in vier Hauptabteilungen gegliedert: Küchenkräuter, Duftkräuter, Heilkräuter sowie Färberkräuter und Kräuter, die eine volkskundliche Bedeutung haben. Den Mittelpunkt von zweien dieser Hauptabteilungen bilden Terrakottaschalen, die aus einem aufgegebenen Garten in London stammen.

In Wisley kann man insgesamt etwa 225 Kräuterarten und -varietäten kennenlernen und an Hand von deutlich lesbarer Beschilderung bestimmen. Daher ist der Schaugarten überaus lehrreich. Aber es fehlt ihm zwangsläufig das Intime und Atmosphärische, das zu einem richtigen Kräutergarten gehört. Niemand hat leider bisher das Problem lösen können, wie man einen attraktiven Lehrgarten anlegt, dessen notwendige Beschilderung unauffällig ist. Der Garten befindet sich auf einer Bodenerhebung nahe bei den subtropischen Gewächshäusern und bedarf daher dringend höherer Sichtschutzhecken, damit die vielen Besucher, die hierherkommen, um Anregungen für ihre Hausgärten zu erhalten, einen vorbildlichen Kräutergarten vorfinden.

Der Culpeper-Garten in Schloß Leeds

Maidstone, Kent

Schloß Leeds gilt wegen seiner Lage inmitten der sanften Hügellandschaft des Weald und wegen der Schwarzschwäne mit den rosigen Schnäbeln, die auf dem ansehnlichen Festungsgraben beheimatet sind, als die „lieblichste Burg in England.“ Es stammt aus dem 13. Jahrhundert und wurde in den 20er Jahren unseres Jahrhunderts mit amerikanischem Kapital restauriert.

Nach dem Tod der Mäzenin Lady Baillie aus der Familie Whitney fand hier eine Stiftung für medizinische Forschung ihren Sitz, die im Schloß ein Konferenzzentrum einrichtete.

Der alte Blumengarten von 1350m^2 wurde 1980 von Russell Page neu angelegt. Das unregelmäßig geformte abfallende Grundstück hat an drei Seiten Ställe, Cottages und hohe alte Ziegelmauern. Die vierte Seite öffnet sich zu einem Flußtal sowie einem künstlichen See. Page kam es darauf an, daß man sich an jeder Stelle des Gartens in einem Blütenmeer befinden sollte, und er schuf daher einen ausgedehnten Blumengarten, dessen schlichte Struktur von Beeten mit Buchsbaumeinfassung gebildet wird.

Der Garten heißt nach einem berühmten Botaniker des 17. Jahrhunderts, Nicholas Culpeper, dessen Verwandter, Lord Culpeper, die Burg damals bewohnte. Hier wird das Blattwerk der Kräuter hauptsächlich dazu benutzt, wirkungsvolle Kontraste zu dem der alten Rosen und der Blütenpflanzen zu erzielen. Aber es gibt auch ein Extrabeet mit Kräutern für die Küche. Der Garten beherbergt darüber hinaus die „Nationale Indianernessel-Sammlung“, die das „Nationale Kommite zur Erhaltung von Pflanzen und Gärten“ eingerichtet hat. Sie enthält 5 Arten und 15 Varietäten.

Dieser Garten ist großzügig angelegt und bereichert Schloß Leeds um eine weitere Attraktion.

Der Shakespeare-Kräutergarten

in Stoneacre, Otham, Kent

Ein liebliches Tal schirmt das Herrenhaus von Stoneacre gegen die anbranden- den Vorstädte von Maidstone ab. Der Fachwerkbau entstand um 1480, der Nordostflügel wurde 1920 angebaut, und zwar unter Zuhilfenahme von Holzbalken aus dem nahegelegenen North Bore's Place. Stoneacre gehört jetzt dem *National Trust* und steht unter der Aufsicht des Ehepaars Cecil Thyer-Turner, dessen ganze Liebe der Pflege des Hauses und der Gartenanlage gilt. Inmitten der alten Rosen und anderer alter Pflanzen kommt man sich wie in einem Märchen vor, so üppig sprießt es überall, besonders aber in „Shakespeares Kräutergarten."

Noch vor sieben Jahren war diese Abteilung des Gartens ein besserer Schutthaufen. Nun ist hier auf einer Fläche von 9 x 5,50 m und beschirmt von einer hohen Eibenhecke ein Gartenparadies entstanden, in dem alle Kräuter versammelt sind, die Shakespeare in seinen Stücken erwähnt: von dem wilden Thymus des „Sommernachtstraums" über Ophelias Rosmarin bis zur Gartenraute im „Hamlet." Es gibt viele Gärten, die dem Barden von Stratford gewidmet sind, aber keiner kommt diesem gleich. Mehr als 50 Kräuterarten tummeln sich ungehemmt auf formlosen Beeten und bereiten dem Besucher stets eine Überraschung mit ihren Düften und Wuchsformen. Jede Pflanze muß sich ihren Platz erkämpfen, denn nur die robustesten haben eine Chance zum Überleben. Schwächlinge landen auf dem Komposthaufen und werden jedes Jahr neu gesät.

Wer von einem Kräutergarten der striktesten Regellosigkeit träumt, sollte diesen verwunschenen Garten aufsuchen und sich dort Anregungen zum Nachmachen holen.

Eyehorne Manor

Hollingbourne, Kent

Als das Ehepaar Derek Simmons dieses kleine Herrenhaus vor einigen Jahren kaufte, legte es einen Garten an, der zu einem Spiegel seiner Begeisterung für Kräuter wurde, insbesondere für solche, die man früher in der Waschküche benutzte. In einem Zimmer wurde ein „Wäschereimuseum“ eingerichtet, in dem man alle Utensilien besichtigen kann, die unsere Vorfahren jede Woche für ihre „große Wäsche“ benötigten. Glücklicherweise bleibt uns heute dank der modernen Maschinen die früher so anstrengende körperliche Arbeit erspart.

Der Garten von etwa einem halben Hektar Größe quillt geradezu über von Kräutern; sie drängen sich sogar auf die gewundenen Pfade vor, so daß man Vorsicht walten lassen muß, wenn man dem Garten einen Besuch abstattet und bis zu der Sitzbank gefunden hat, von der aus man die Überfülle genießen kann.

Saponaria officinalis, dem Seifenkraut, das in seinem aggressiven Ausdehnungsdrang der Minze gleichkommt, wird hier ein Ehrenplatz eingeräumt. Früher grub man die Wurzeln aus, schnitt sie nach dem Trocknen in Scheiben und machte daraus einen Aufguß (1 Pfund Wurzeln auf 4 1/2 Liter Wasser), der von unseren Altvorderen als wirksames Reinigungsmittel geschätzt wurde. Sie weichten verschmutzte Kleidungsstücke eine halbe Stunde darin ein und spülten sie dann im fließenden Wasser eines Baches. Jeder auf diese Weise behandelte Stoff war hinterher sauber und hatte seine ursprüngliche Farbe und seinen Glanz wiedergewonnen.

Angesichts des Kräuterreichtums in diesem Garten und der blütenstrotzenden Kletterrosen, die bis zum Dachfirst emporwachsen, kann man hier, wie selten anderswo, erleben, zu welcher Üppigkeit und Fülle die Natur fähig ist.

Die Kräutergärtnerei in Iden Croft

Staplehurst, Kent

Die Besitzerin, Rosemary Titterington, ist Gärtnerin aus Leidenschaft. Nachdem sie den Bauernhof Iden Croft erworben hatte, begann sie zunächst mit dem Obstanbau, ging aber dann dazu über, Kräuter für alle möglichen Zwecke zu ziehen: zum Verkauf an den Einzel- und den Großhandel; als frischgeschnittene Kräuter für die Lebensmittelgeschäfte in ganz England; als eßbare Blüten für Gourmetmenues in einem Londoner Hotel; außerdem stellte sie eine Kollektion frischer Kräuter für eine Kosmetikfirma zusammen, die jedem Kind in Großbritannien bekannt ist. Um ihren Kunden zu zeigen, wie Kräuter zur Zeit ihrer Vollreife aussehen, hat sie vier unregelmäßig geformte Beete in einem quadratischen Schaugarten von zwölf Metern Seitenlänge angelegt. Ein Steinbeet steht voller Duftkräuter, insbesondere mehrerer Varietäten von kriechendem Thymian. Auf dem zweiten Beet wachsen Küchenkräuter, in das dritte teilen sich Färberkräuter und eine Gruppe von Kapuzinerkresse, Ringelblumen und Veilchen. Das vierte Beet ist an einem Ende mit Minzesorten, am anderen mit Heilkräutern bepflanzt, während die Mitte der „Nationalen Majoran-Sammlung“ vorbehalten ist, die Mrs. Titterington für das „Nationale Komitee zur Erhaltung von Pflanzen und Gärten“ sowie die „Britische Kräuterhandels-Vereinigung“ zusammengestellt hat. Jeder kann in dieser Gärtnerei seine eigene Majoran-Spezies bestimmen, um herauszufinden, zu welchem Namenstyp sie gehört. In dem Verkaufsladen mit seinem großen Angebot von 350 Kräuterarten wird man die Eigentümerin zu ausführlichen Gesprächen über ihre langjährigen Erfahrungen mit ihren Lieblingspflanzen bereit finden und wohl auch gelegentlich das eine oder andere Exemplar aus der Gruppe von weiteren 50 Arten erhalten, die vorläufig noch nicht auf ihrer Preisliste stehen.

Schloß Sissinghurst

Sissinghurst, Kent

Der Kräutergarten von Harold Nicolson und Vita Sackville-West aus dem Jahre 1938 ist der älteste moderne in England, der sich unverändert bis heute erhalten hat. Von Natur aus sind Gärten nicht auf Dauer angelegt, und die Gartenmoden haben im Lauf der Jahrhunderte erstaunlich oft gewechselt. Diese Neuschöpfung eines traditionellen Kräutergartens hat selbst Mode gemacht und ist das Vorbild für Hunderte anderer in ganz England geworden.

Als die Nicolsons den Besitz im Jahre 1930 entdeckten, fanden sie trostlos vernachlässigte landwirtschaftliche Gebäude und einen halben Hektar voller Schutt und Abfall vor. Harold Nicolson entwarf den Grundplan für die Eibenhecken und Wege sowie für die verschiedenen Gartenbezirke, während Vita Sackville-West diesen Rahmen mit ihrem kunstvollen, aber sich doch so genial ungezwungen gebenden Arrangements von Blumen, Büschen, Bäumen und Kletterpflanzen füllte.

Der quadratische Kräutergarten von 25 Metern Seitenlänge liegt etwa 140 Meter vom Schloßturm entfernt und bildet innerhalb seiner hohen Eibenhecken einen der berühmten Garten-„Räume". Im Zentrum der nahezu symmetrischen Anlage, und zwar im Schnittpunkt der zwei Hauptwege, befindet sich als Blickfang eine große byzantinische Marmorschale. Um diese herum sind vier quadratische Beete angelegt, die ihrerseits von acht weiteren großen Beeten eingerahmt werden. Etwa 80 Kräuterarten sind in Gruppen zu je drei Pflanzen mit großer Könnerschaft einander nach Größe, Wuchsform und Farbe zugeordnet, so daß der individuelle Charakter jeder Art optimal zur Geltung kommt. Dachwurz füllt die Schale, Schmetterlinge flattern über dem seltenen weißblühenden Gurkenkraut, und die hohen gänseblümchenähnlichen Blütenköpfe des goldgelben Echten Alants stehen in einem bezaubernden Kontrast zu dem Schwarzgrün der Eibenhecken. Sie erinnern den Besucher daran, daß der Sage nach Helena von Troja dieses Kraut pflückte, als sie von Paris entführt wurde – eine legendäre Pflanze in einem legendären Garten.

Schloß Scotney

Lamberhurst, Kent

In dem heutigen Schloß Scotney verbindet sich der enorme Reichtum des neunzehnten Jahrhunderts mit dem modernen Geschmack des zwanzigsten. Die erste, mit einem Festungsgraben umgebene Burg entstand 1378. Fünfhundert Jahre später entschloß sich die Familie Hussey, ein neues Schloß auf einem höhergelegenen Gelände zu errichten, von wo aus man auf die Ruinen der ursprünglichen Gebäude blicken konnte. Jetzt führt ein breiter Gürtel von Rhododendren und Azaleen zu der romantischen alten Burg hinunter, bis zu der Stelle, wo der Graben sich zu einem Seerosenteich erweitert, an dem zwei Schwarzschwäne nisten. Christopher Hussey, ein bedeutender Autor wissenschaftlicher Werke über englische Landsitze, hat hier in den letzten 30 Jahren seines Lebens Gartenanlagen von zauberhafter Schönheit geschaffen.

In dem Burghof sind nur die Fassade des Banketthauses aus dem 17. Jahrhundert und ein kleiner zweistöckiger Anbau erhalten geblieben. Eine weiße Glyzine hat von ihrem Standort hinter einer Buchsbaumhecke große Teile der Saalwand überwachsen und bildet den dekorativen Hintergrund für den Kräutergarten auf dem Rasenrund. Ein zentral gelegenes Brunnenbecken, das als Blickpunkt dient, wird von drei Rabatten mit etwa 30 Kräuterarten umrahmt. Viele haben buntes Laub und bilden mit ihrem gelbgefleckten Blattwerk einen heiteren Kontrast zu der streng formalen Pflanzung. Im Frühling stehen weiße Tulpen zwischen den Kräutern, und wenn die alten Kletterrosen im Hochsommer die Mauern bedecken, hat man fast den Eindruck, hier warte ein verblichener antiker Gobelin darauf, daß geisterhafte Zecher aus den Fensterhöhlen blicken. Außerhalb des Schlosses grasen Schafherden auf weiten Flächen, und dem Besucher ist, als stünde die Zeit still in dieser zauberhaften Atmosphäre von Düften, Farben und Lautlosigkeit. Hinter dem Schloß glänzt in einer Lichtung eine Skulptur im Sonnenlicht: *Three Piece Reclining Figure, Draped, 1977*, Henry Moores Reverenz an die Leistung seines Freundes Christopher Hussey.

Bateman's

Burwash, East Sussex

Rudyard Kipling wohnte in Bateman's von 1902 bis zu seinem Tod im Jahre 1936, und er hat während dieser Zeit den sehr englischen Garten rund um das Haus angelegt, das 1634 gebaut wurde und jetzt dem *National Trust* gehört. Dieser hat die Windmühle wieder funktionstüchtig gemacht, so daß die Besucher „selbstgemachtes" Mehl erstehen können.

Entlang der langen Backsteinmauer entwarf der Architekt Woodbine Parish einen Kräutergarten von 24 x 1,80 m. Leider hat der Lorbeerbaum in dem strengen Winter 1984/85 sehr gelitten. Wie man weiß, sind eingewurzelte Lorbeerbäume im allgemeinen winterhart, aber extremen Kälteperioden sind sie nicht gewachsen. Jüngere Bäume muß man vor Winterstürmen schützen; am besten zieht man sie in großen Kübeln heran und stellt sie in der kalten Jahreszeit unter. Das gilt besonders für deutsche Verhältnisse. In günstigen Lagen können Lorbeerbäume bis 18 m hoch werden und dann den Rahmen eines Kräutergartens sprengen, was bei der Planung zu berücksichtigen ist.

In Bateman's ist es vorbildlich gelungen, etwa 80 Kräuterarten durch kühne Gruppierung in eine Staudenrabatte einzufügen. Vom Hochsommer an muß man allerdings den Kräutern einige Pflege angedeihen lassen, um zu verhindern, daß die Anlage unordentlich aussieht.

Kloster Michelham

Upper Dicker, East Sussex

Das Kloster Michelham wurde 1229 von dem Lord of Pevensey gegründet und mit Augustinermönchen aus dem Kloster Hastings besetzt. Kurz vor 1400 entstand der breite Festungsgraben, während das Torhaus nach der Auflösung der Klöster durch Heinrich VIII. und der Zerstörung von zwei Dritteln der Gebäude errichtet und das Kloster in ein Bauernhaus umgewandelt wurde.

Von 1603 bis 1897 diente es der Familie Sackville als Hauptsitz. Es bildete damals den Mittelpunkt eines 400 ha großen Rittergutes. 1959 ging das Kloster mit drei Hektar Land in den Besitz der Archäologischen Gesellschaft von Sussex über, und 1981 entstand an der Südfront des Hauses ein Apothekergarten, in dem ausschließlich Heilkräuter wachsen, die man während der Glanzzeit des Klosters im Mittelalter anwendete.

Die breite Kräuterrabatte zeigt Heilpflanzen in 11 verschiedenen Abteilungen; und zwar: gegen Rheumatismus, Gicht und schmerzende Gelenke: Beifuß, Senf und Maiglöckchen; für den Haushalt: Salbei, Seifenkraut und Wurmkraut; für das Wochenbett und gegen Kinderkrankheiten: Sternmiere (*Stellaria*), Weißer Andorn und Veilchen; gegen Herz-, Lungen- und Blutkrankheiten: Wegerich, Königskerze und Huflattich; für Wunden und Knochenbrüche: Braunelle (*Prunella vulgaris*), Beinwell und Wiesenknopf; gegen Biß, Insektenstiche, Verbrennungen und Vergiftungen: Florentiner Schwertlilie, Malve und Bergminze; für Verdauung, Magen und Leber: Sauerampfer, Zichorie und Gartenraute; gegen Alpträume: Mohn, Frauenminze und Gurkenkraut; für Kopf, Haar und Haut: Erdrauch (*Fumaria*), Jungfer im Grünen und Poleiminze (*Mentha pulegium*); für die Behandlung von Tieren: Zitronenmelisse, Myrthenkerbel und Sandkraut (*Arenaria*); für Augen, Ohren und Zähne: Ringelblumen, Gemeiner Gamander und Wiesenknöterich (*Polygonum bistorta*). In diesem zauberhaften kleinen Apothekergarten haben wir auch die einzige wirklich gelungene Beschilderung angetroffen. Sie ist amüsant und informativ zugleich.

Denmans

Fontwell, West Sussex

Die Eigentümerin, Mrs. Robinson, hatte schon vierzig Jahre lang Pflanzen gesammelt und in ihrem großartigen Garten nahe am Meer in einer unkrautverdrängenden Kiesschüttung gehegt, als sie vor fünf Jahren zufällig den jungen Gartenarchitekten John Brookes traf, der gerade fluchtartig den Iran verlassen hatte. Er war so begeistert von ihrem gärtnerischen Können, daß er nach Denmans zog und Mrs. Robinson bei der weiteren Entwicklung ihres Gartens behilflich war. Inzwischen ist er zu einem der international führenden Gartengestalter geworden, er schreibt Bücher und unterrichtet an Fachschulen.

In Denmans hat John Brookes einen informalen Kräutergarten von 6 x 12 m im Schutz alter Backsteinmauern entworfen. In unregelmäßigen Abständen gelegte Trittsteine laden dazu ein, sich nach freiem Ermessen um den großen Steinkrug in der Mitte herum im Garten zu bewegen. Brookes hat etwa 60 Kräuterarten nach zwei Prinzipien ausgesucht: zum einen nach ihrem Gebrauchswert in der Küche, zum anderen nach ihrem Zierwert. Die Pflanzen gedeihen in dieser Sonnenfalle prächtig, und der Aufenthalt dort ist unvergeßlich, wenn die Kletterrosen an den Wänden blühen, die Schmetterlinge herumflattern und die Bienen summen. Da die Anlage bewußt den Charakter des Ungezwungenen vermittelt, durfte sich auch eine graublättrige gelbe Königskerze nach Belieben aussamen, so daß ihre hohen Blütenstände heute an den unwahrscheinlichsten Stellen emporschießen. Es ist ein Genuß zu erleben, wie wirkungsvoll eine geplante „Nichtplanung“ sein kann, wenn sie von einem Experten stammt.

Cooke's House

West Burton, West Sussex

Es war ein regnerischer und kalter Vorfrühlingsmorgen, als wir bei Miss J. B. Courtauld klingelten, da wir gern ihren Kräutergarten besichtigen wollten. Wir kamen kaum dazu, unsere Namen zu nennen, da standen wir schon vor dem Kaminfeuer in der Bibliothek und wurden mit Kaffee bewirtet. Erst als wir etwas aufgewärmt waren, fragte man uns nach unserem Begehren.

Cooke's House ist ein geräumiges Backsteingebäude aus dem 17. Jahrhundert, während die Inneneinrichtung mit den polierten Möbeln, den großen Dufttöpfen und den alten Ölgemälden aus dem 18. Jahrhundert stammt. Miss Courtauld gehört wie schon ihre Eltern zu den passionierten Gartenliebhabern; um 1900 wurde Gertrude Jekyll beauftragt, den Vorgarten zu entwerfen; 1909 erschien ein Foto davon in der Zeitschrift „Country Life".

Der Kräutergarten befindet sich in einem der Garten-„Räume" hinter dem Haus. Er ist etwa 15 m im Quadrat groß und wird an drei Seiten von Rosmarin eingefaßt. Ein Pfad führt zwischen zwei Lavendelbeeten und zwei Hochstammeiben zu dem Terrakottakrug im Zentrum, um den herum zwei rechteckige Beete angelegt sind. Das innere ist mit Iris, das äußere mit 30 Kräuterarten bepflanzt, die man in der Küche verwendet. Da der Kräutergarten außerhalb der hohen Hecken liegt, welche die übrigen Anlagen säumen, hat man Anfang Juni einen herrlichen Blick über die Blütenwolken der blauen und gelben Iris und den Krug hinweg in die sanft gewellte Landschaft von Sussex. Der Kräutergarten ist erst 1963 entstanden, aber man hat den Eindruck, als gehöre er schon immer in den Rahmen des alten Hauses, der Garteneile in ihrer Vollkommenheit und der herzlichen Gastfreundlichkeit, die, in Generationen gewachsen, überallhin ausstrahlt.

Das Butser-Forschungsprojekt

Petersfield, Hampshire

Das Ziel dieser Einrichtung ist es, ein Landgut aus dem vierten vorchristlichen Jahrhundert nachzugestalten und, soweit wie möglich, mit den Methoden der Eisenzeit zu bewirtschaften. Als Teil dieses Vorhabens entsteht gerade ein Kräutergarten auf einem steil ansteigenden Grundstück von 46 x 9 m landwirtschaftlicher Nutzfläche. Die Pflanzterrassen, eine oberhalb der anderen, werden durch Grasböschungen gestützt und von vertikal verlaufenden Wegen in jeweils drei Abschnitte geteilt, da kein Platz für Längswege zur Verfügung steht. Die Reihenfolge der Terrassen entspricht der historischen Entwicklung.

So wachsen auf den ersten beiden Terrassen nur solche Kräuter, die in der Eisenzeit vorhanden waren – soweit man das anhand von archäologischen Funden in der Kohle oder im Wasser, von Sameneinschlüssen in Tongefäßen oder durch Pollenuntersuchung nachweisen kann. Eines der Beete ist den einheimischen Kräutern des südlichen Hügellandes von Hampshire gewidmet. Auf der dritten Terrasse finden sich Kräuter aus der Zeit der römischen Besetzung Englands, und auf der vierten Kräuter unseres Jahrhunderts. Insgesamt gedeihen hier schon über 150 Kräuterarten, und ständig kommen neue hinzu. Dieser Kräutergarten ist nicht nur interessant wegen seiner historischen Perspektiven. Er beweist dem Besucher mit den vier kühn an den steilen Abhang gelegten Pflanzterrassen, daß man einen großartigen Kräutergarten selbst im schwierigsten Gelände schaffen kann.

The Tudor House

Southampton, Hampshire

Auf dem Grundstück des Tudor House ist die genaueste Nachbildung eines Ziergartens gelungen, wie er von etwa 1485 bis 1603 allgemein üblich war. In der Mitte der quadratischen Anlage von 23 Metern Seitenlänge liegt ein formales Parterre mit dem Muster aus verschlungenen Quadraten und Kreisen. Es ist von rechteckigen Beeten umgeben, deren Abschluß eine 90 cm hohe Balustrade bildet. Zwei hohe Holzsäulen mit einem Zick-Zack-Muster flankieren den Eingang und dienen als Träger für vergoldete Wappentiere. Kunstvoll gemalte Gartenornamente waren in der Tudorzeit sehr beliebt, sind aber nur andeutungsweise auf Gemälden des 16. Jahrhunderts und auf einigen wenigen Zeichnungen erhalten geblieben. Der Höhepunkt dieses Typs von Gartenschmuck war der sagenhafte Garten von Nonsuch Place (1538-1647). Auf dem Gemälde „Die Familie Heinrichs VIII." von 1545 sieht man durch ein Fenster im Hintergrund, wie überladen der große Garten am Palast von Whitehall damals gewesen sein muß.

Mrs. Sylvia Landsberg hat den Garten im Tudorstil 1980 entworfen. Er enthält eine Fontäne, einen Obstgarten, einen Laubengang und einen „geheimen Garten" mit einer Nische für einen Bienenkorb. Auf dem Kräuterbeet sowie auf dem Parterre wachsen 30 Kräuterarten und 100 andere Pflanzen, die in der elisabethanischen Zeit üblich waren, darunter mehrere mit symbolischer Bedeutung. Zum Beispiel vertrat der Lorbeer die „Unsterblichkeit", die Levkoje die „Geistigkeit", der Lavendel die „Glückseligkeit", weil er dem „Geiste ein Trost sey", und der Süße Majoran versinnbildlichte die „Tugend."

Anhand der Rekonstruktion erhält man einen lebendigen Eindruck davon, welche Sorgfalt unsere Vorfahren ihren Gärten, selbst den kleinsten, widmeten.

Beaulieu Abbey

Beaulieu, Hampshire

Im Jahre 1204 gründete König Johann ein Zisterzienserkloster in Beaulieu, dem „schönen Ort", wie es im damaligen Französisch hieß. Als Lord Montagu im Jahre 1870 den Besitz als Hochzeitsgeschenk erhielt, war vom Kloster außer dem Schlafraum, der Kapelle, dem Torhaus und einigen Mauern nichts übriggeblieben. In dem Schloß, das er über dem Torhaus errichten ließ, hat der jetzige Eigentümer, Baron Edward, das „Nationale Auto-Museum" eingerichtet.

Vor zehn Jahren beauftragte er Mrs. Moyra Burnett und die Kräutergärtnerei von Tumblers Bottom damit, die Beete auf dem weitläufigen Klosterhof neu zu gestalten und mit Kräutern zu bepflanzen, die in der mittelalterlichen Klosterküche und in der Krankenabteilung benutzt wurden. Heute wachsen mehr als 80 Kräuterarten in großzügig bemessenen Tuffs zu Füßen der alten Mauern. Auf der Nordseite hat ein buntlaubiger Efeu eine niedrige Mauer übersponnen; das Beet zu seinen Füßen ist mit folgenden gelbbunten Kräutervarietäten bepflanzt worden: Salbei, Thymian, Majoran, Ingwerminze und Zitronenmelisse. Im Schatten wechseln Gruppen von Lungenkraut, Liebstöckel, Immergrün und Stinkender Nieswurz einander ab. Vor einer anderen Mauer hat sich eine prächtige Großblütige Magnolie entwickelt, und ihr zu Füßen konnten sich auf dem trockenen, nährstoffarmen und beschatteten Boden Veilchen, Waldmeister, Hirschzungenfarn, Immergrün, Flohkraut und Weißer Andorn durchsetzen.

Der letztere ist ein althergebrachtes Mittel gegen Brustschmerzen und wurde im Mittelalter auch als Konfekt benutzt, weil seine kandierten Wurzeln als Delikatesse galten. Der Schweizer Mönch Walafrid Strabo riet im 10. Jahrhundert: „Weißer Andorn schmeckt bitter, aber er tut gut. Trinke Andorn heiß, wenn Deine Stiefmutter Dich vergiftet hat".

Die Allen-Galerie

Alton, Hampshire

Die Allen-Galerie liegt inmitten von Häusern aus dem 16. und 18. Jahrhundert und enthält die Gemäldesammlung von William Herbert Allen (1863-1943), außerdem eine umfassende Sammlung englischer Keramik ab 1550 und die kostbaren Silberlöffel von Tichborne aus der Tudorzeit mit dem Innungsstempel von 1592. Nach dem Galeriebesuch kann man in dem schönen Garten spazierengehen, der erst zehn Jahre alt ist, aber so aussieht, als bestehe er schon seit Jahrhunderten. Der quadratische Kräutergarten von sechs Metern Seitenlänge entstand sogar erst vor fünf Jahren und ist damit nicht größer als unzählige andere Stadtgärten.

Auf zwei Seiten wird er von Gebäuden, auf den beiden anderen von niedrigen Backsteinmauern eingerahmt. Die Gartenarchitekten lösten das Problem des beschränkten Raums, indem sie auf Grasflächen verzichteten und sich auf Beete, Steinpflasterung und eine Sonnenuhr als Zentralmotiv beschränkten. Der Garten sieht formal aus, aber in Wirklichkeit sind die Beete mit Rücksicht auf die Bausubstanz etwas unregelmäßig. Trotz des kleinen Raumes haben 76 Kräuterarten dort Platz gefunden: vom kriechenden Thymian bis zur Brustwurz, von der Gartenminze bis zum Mädesüß. Alle diese Kräuter kann man in einschlägigen Gärtnereien kaufen, alle sind ausdauernde Stauden und eignen sich für die Küche, zur Luftverbesserung in der Wohnung und für einfache Hausmedikamente. Ein solcher Garten benötigt erstaunlich wenig Pflege und macht das ganze Jahr über Freude, vorausgesetzt, der Boden ist durchlässig und der Standort vollsonnig.

West Green House

Hartley Wintney, Hampshire

West Green House gehört dem *National Trust* und ist von diesem bereits zweimal vor dem Ruin bewahrt worden: zuerst, als der Trust das Gebäude bei der Übernahme von Grund auf restaurierte, und dann, als er es vor drei Jahren nach der Zerstörung durch Feuer wieder aufbaute. Es ist ein idyllisches georgianisches Backstein-Herrenhaus, aus dessen Nischen auf der Frontfassade die Marmorbüsten von fünf römischen Kaisern auf die Rasenflächen und die weiten Felder schauen. Vor der Gartenfront befindet sich ein kleines Parterre aus Buchsbaumhecken, rundköpfigem Hochstamm-Buchsbaum und gestutztem Heiligenkraut (*Santolina*), vor dem Wohnzimmerfenster liegt ein größeres Parterre mit Kieswegen, Beeten mit Buchsbaumeinfassung und gestutzten Kräutern sowie blühenden einjährigen Pflanzen. Außerdem weist West Green House einen Italienischen Garten auf, der in der viktorianischen Zeit mitsamt seiner Wasserkünste, barocken Voluten und Statuen wiederhergestellt wurde.

Der interessanteste Garten jedoch ist ein ausgedehnter, durch altehrwürdige Mauern geschützter Küchengarten von 91 x 30 m Größe. Auffallende Markierungspunkte bestehen aus 3,60 m breiten Holzveranden im chinesischen Stil, die mit Netzen gegen Vogelfraß versehen sind, damit das darin wachsende empfindliche Obst nicht leidet. Von hier strahlen acht große, von Buchsbaum eingefaßte Beete aus, auf denen dichtgereiht Gemüsesorten und verschiedene Kräuterarten wachsen. Alle Pflanzen werden sorgfältig nach dem Zierwert ihres Blattwerks und dem Wuchscharakter arrangiert. Gruppen von alten Rosen bringen von Ende Juni an Farbe und Duft in den Garten, dessen formale Struktur an die berühmten Anlagen von Villandry in Frankreich erinnert. Aber er ist insgesamt atmosphärischer und privater, ein absoluter Höhepunkt der romantischen Vorstellung von einem Gemüsegarten, der den gesamten Küchenbedarf deckt und dazu noch ein Augenschmaus ist.

Farnham Royal

Buckinghamshire

Das Ehepaar Jessica und Jeremy Houdret hat vor drei Jahren als Ergänzung zu der bereits vorhandenen Kräutergärtnerei einen Schaugarten in Farnham Royal angelegt. Das Gebäude gehörte einst dem Erbauer von Hampton Court, Kardinal Wolseys Chefarchitekt. Von dem damaligen Garten ist nichts übriggeblieben. Heute befinden sich dort drei verschiedene Kräutergärten: Einer (9 x 2,70 m) erstreckt sich vor einer hohen Eibenhecke und wird von niedrigen Mauern unterteilt. Er enthält Duft- und Heilkräuter, die nach ihrer Wuchsform und ihrem Blattwerk zu einer kontrastreichen Komposition angeordnet sind. Wohl der wichtigste Gesichtspunkt bei der Anlage eines Kräutergartens ist die endgültige Höhe der einzelnen Arten. Wie geschickt Mrs. Houdret dabei verfahren ist, zeigt das Foto eindrucksvoll.

Der zweite Garten besteht ebenfalls aus einer Rabatte, nur ist diese breiter bemessen, und der dritte ist ein gemischter Rosen- und Kräutergarten mit einer Sonnenuhr als Zentrum. Das Rundbeet um diesen Blickfang ist mit Katzenminze (*Nepeta cataria*) und Frauenmantel (*Alchemilla*) bepflanzt, also mit Kräutern, die gut zu Rosen passen.

Der Küchengarten, in dem Gemüse und Kräuter wachsen, weist einen strengen Grundriß von 30 m im Quadrat auf. Die Gemüsebeete sind mit Kräutern eingefaßt, und in der Mitte steht ein kugelköpfiger Lorbeerbaum. Im Sommer finden hier Lehrkurse statt, bei denen die Teilnehmer sich stets von der Meisterschaft beeindruckt zeigen, mit der das Ehepaar Houdret die Kräuter sowohl nach dekorativen als auch nach kommerziellen Zwecken einander zuordnet.

Die Kräutergärtnerei von Hollington

Woolton Hill, Berkshire

Das Ehepaar Hopkinson aus Hollington hat sich im Laufe der Zeit zu allgemein anerkannten Kräuterexperten entwickelt. Das Fernsehen ist oft in ihrer von hohen Mauern umgebenen Gärtnerei zu Gast, und Judith und Simon Hopkinson werden darüber hinaus häufig in Fachzeitschriften erwähnt, wenn es um ihr Spezialgebiet geht. Vor zehn Jahren befand sich das Grundstück noch in einem desolaten Zustand, und es hat daher große Anstrengungen gekostet, daraus eine der erfolgreichsten Kräutergärtnereien Englands zu machen. Jetzt herrschen hier üppigstes Wachstum und peinlichste Ordnung.

Das Ehepaar hatte sich außerdem in den Kopf gesetzt, auf der Blumenschau in Chelsea die begehrte Goldmedaille zu gewinnen. Zu diesem Zweck legten die beiden im dortigen Alpinum einen Kräutergarten an und betreuten ihn fünf Jahre lang. Man kann sich kaum vorstellen, welche Mühe ein solches Unternehmen vor allem im letzten Jahr vor dem Ausstellungstermin kostet. Die Pflanzen müssen gehätschelt und gepflegt werden, damit sie Ende Mai in Hochform sind, zu einem Zeitpunkt also, der ihrem natürlichen Entwicklungsgang nicht entspricht. Daher kommt man nicht ohne die Technik des Treibens, beziehungsweise das Gegenteil davon aus. Die Jury hat sich davon beeindrucken lassen und die Goldmedaille nach fünf Jahren verliehen. Das Ehepaar übertrug dann die in Chelsea preisgekrönte Idee von konzentrischen Kreisen auf seinen Schaugarten in Hollington:

Der zentrale Springbrunnen steht in einem runden Wasserbecken; dieses wird von einem Kreis mit Trittplatten eingefaßt; daran schließt sich eine kreisförmige Zone mit groben Kieselsteinen an; aus dieser heraus wachsen Günsel, buntlaubiges Mädesüß und Zwerg-Beinwell. Der nächste Kreis besteht aus einem Graspfad, von dem aus man an das äußere Rundbeet herantreten kann, für das Judith weitere Kräuter, vor allem ihre geliebten Thymian-Varietäten, sorgfältig nach Blattform und Farbe ausgewählt hat.

Der Landsitz Hillbarn

Great Bedwyn, Wiltshire

Das lange, niedrige, bescheiden wirkende Haus liegt an der Hauptstraße des hübschen Dorfes Great Bedwyn. Tritt der Besucher durch die enge Seitentür, dann liegt ein erstaunlich großer und zauberhafter Garten mit hohen Hecken und schönen alten Bäumen vor ihm. Vom Hof mit seinen Blumenbeeten und Terrakottabehältern führen Stufen zu dem Garten hinauf, den einer der besten Landschaftsarchitekten Englands, Lanning Roper, in den 60er Jahren entworfen hat. Auf ihn geht vor allem der Laubengang aus Linden (*Tilia europaea*) und Hainbuchen (*Carpinus betulus*) zurück.

Im oberen Teil haben die Eigentümer 1973 einen Kräutergarten eingerichtet. Ein Weg teilt diesen in zwei gleiche Teile, die wiederum in je 20 quadratische Kiesbeete beziehungsweise Kräuterbeete von 60 Zentimetern Seitenlänge gegliedert sind. Jedes Kräuterbeet enthält nur eine einzige Pflanzenart, die einen wirkungsvollen Kontrast zum Nachbarbeet bildet, sowie eine Hochstammrose. Zur Hauptblütezeit der Rosen im Juni legt sich über die Kräuter ein Schleier von Farben und Düften.

Gärten mit Schachbrettmuster können überaus langweilig sein, aber hier bringt der vertikale Akzent der Hochstammrosen Leben und Abwechslung in die Anlage. Nicht auf ein möglichst kompliziertes Grundmuster kommt es an, sondern auf die Wahl eines deutlich hervortretenden Motivs, dessen Wirkung man durch geschickte Auswahl der Kräuter verstärken kann. Hierfür braucht man, genau wie die Eigentümer von Hillbarn, Geduld, Liebe und Begeisterungsfähigkeit.

Young House

Wootton Rivers, Wiltshire

Mrs. Nancy Young lernten wir zufällig vor einigen Jahren kennen, als sie in einer Kräutergärtnerei 20 Stück von jeder Kräuterart bestellte, so daß wir sie erstaunt nach dem Grund fragten. Sie benötigte die Pflanzen für ihren Kräutergarten, den sie mit Hilfe von Graham Carr ein Jahr zuvor im Hof ihres Hauses, eines frisch restaurierten Cottage aus dem 16. Jahrhundert, angelegt hatte. Auf einer Grundfläche von 15 Metern im Quadrat hat sie vier Beete um einen Buchsbaum als Mittelpunkt angeordnet und dabei deren vier Innenecken kreisförmig ausgespart. Um diese Mittelgruppe sind 12 weitere Beete mit Buchsbaumeinfassung arrangiert. Da Mrs. Young Wert darauf legt, daß das formale Muster ihres Gartens deutlich erkennbar bleibt, stutzt sie die Kräuter mit peinlicher Sorgfalt, und nur der ornamental wirkende Rhabarber sowie die Fingerhüte dürfen sich frei entfalten. Die 1,20 m hohen Terrakottagefäße, die Mrs. Young für acht Beete extra in Italien anfertigen ließ, sowie die Kieswege erhöhen durch ihre kontrastierende Struktur die Gesamtwirkung der Anlage.

Bereits nach einem halben Jahr machte der Garten einen reifen Eindruck, und nach drei Jahren meinten die Besucher, er habe schon immer bestanden. Von einer benachbarten, 350 Jahre alten Scheune ließ Mrs. Young Holzteile holen und zum Bau eines zweistöckigen Eßraums verwenden, von dem man einen guten Überblick über den Garten hat. Spiegelglasflächen und mit Lehm beworfenes Flechtwerk machen diesen Raum zu einem unvergeßlichen Erlebnis. Auch vom Gästezimmer im Haupthaus kann man den Garten betrachten. Im Sommer sind die Besucher von dem geometrischen Muster der Grau- und Grüntöne sowie dem unterschiedlichen Blattwerk und den dekorativen Elementen bezaubert; im Winter zeigen sie sich von der formalen Strenge der Anlage, der Buchsbaumeinfassungen und der Terrakotten beeindruckt.

Das amerikanische Museum

Claverton Manor, Avon

Im Jahr 1960 gründeten ein Amerikaner, Dr. Dallas Pratt, und ein Engländer, Mr. John Judkyn, außerhalb von Bath das bisher einzige Museum in Europa, in dem man Gebrauchsgegenstände besichtigen kann, die von 1550 bis zum Ende des 19. Jahrhunderts in Nordamerika hergestellt wurden. Das spätgeorgianische Herrenhaus von Claverton aus dem Jahr 1820 eignet sich hervorragend für die chronologisch angeordnete Ausstellung. In der original amerikanischen Küche aus der Kolonialzeit, deren sämtliche Teile per Schiff von Massachusetts herübergebracht wurden, kann man nach der Besichtigung frisch gebackene Kekse essen.

Der kleine Kräutergarten (6,50 x 5 m) an der Hauptterrasse, von der man einen weiten Blick auf das dicht bewaldete Avon-Tal hat, ist eine Stiftung der Damen des „Gartenclubs von New York“ in Southampton und wurde vom Museumsdirektor, Mr. lan McCallum, entworfen. Er beherbergt etwa 50 Kräuterarten, die man im Amerika des 18. Jahrhunderts in der Küche, in der Medizin und zum Aromatisieren verwendete. Erstaunlich ist, daß mit Ausnahme der Monarde oder Bergamotte (*Monarda didyma*), auch Indianischer Oswego-Tee genannt, alle diese Kräuter auch in den englischen Gärten der Zeit zu finden waren. Um den Garten führt ein mit Buchsbaum eingefaßter Pflasterweg herum. Das Zentrum bildet ein in Amerika früher üblicher Blickfang in Form eines kuppelförmigen Bienenkorbes aus Stroh, um den herum die Lieblingskräuter der Bienen gepflanzt sind, nämlich der Gemeine Gamander und das Heiligenkraut.

Zum Museum gehört auch die Rekonstruktion eines Teils von George Washingtons Garten in Mount Vernon, Virginia, so daß der Besuch in Claverton Manor noch interessanter wird. Dort wachsen weitere Kräuter.

Die Kräutergärtnerei „R. T.“

Kilmersdon, Somerset

Als wir vor 13 Jahren eine Kräutergärtnerei gründeten, lernten wir Mr. Richard Taylor kennen. Er war uns behilflich und bepflanzte auch den von uns entworfenen Kräutergarten an der Abtei von Woburn. Außerdem ging er uns bei unserem Hausbau zur Hand, denn Mr. Taylor ist ein Mann mit vielen Talenten. Er hatte schon seit längerem auf seinem eigenen Anwesen Kräuter angebaut und richtete schließlich 1983 selbst eine Kräutergärtnerei ein, in der er und seine Frau Alice etwa 130 Kräuterarten anbieten.

An seinem Gewächshaus befindet sich ein ausgedehnter Schaugarten von 27 x 12,80 m Größe. Dessen Herzstück besteht aus sehr ordentlich aufgereihten Containern mit Kräutern von strotzender Gesundheit. An den beiden Schmalseiten läßt Mr. Taylor als Begrenzung eine Anzahl anderer Stauden so hoch wachsen, wie es ihnen beliebt. An dieses Zentralbeet schließt sich ein quadratisches Beet von 12 Metern Seitenlänge an, von dessen gepflastertem Mittelrondell man die Rosen (*Rosa gallica*), die Lavendel- und Beifußvarietäten, sowie Liebstöckel, Engelwurz, Frauenminze, Nachtkerzen und Alant betrachten kann. Im Sommer entfalten die verschiedenen Düfte, Farben und Blattformen zusammen mit den hochwachsenden Pflanzen an beiden Enden eine unvergeßliche Gesamtwirkung. Dieser Garten zeigt, wie leicht man innerhalb von zwei Jahren mit Kräutern den Eindruck eines reifen und vollendeten Gartens erzielen kann, vorausgesetzt, man wählt die geeigneten Pflanzen. So kann man Mr. Taylors Vorbild mit Erfolg überall nacheifern und in kurzer Zeit zu einem befriedigenden Ergebnis gelangen. Wem nur noch der letzte Anstoß zum eigenen Kräutergarten fehlt, der sollte diese Anlage besichtigen. Er wird ermutigt heimkehren.

Hestercombe House

Cheddon Fitzpaine, Somerset

Die Gartenanlagen von Hestercombe House gehören zu den schönsten Zeugnissen der Zusammenarbeit von Gertrude Jekyll und Sir Edwin Lutyens. Für die Südseite des Hauses entwarfen sie einen ausgedehnten Senkgarten, *The Great Plat* genannt. An dessen Längsseite hat man von der rosenumrankten Pergola einen herrlichen Blick über das Taunton-Tal bis hinauf zu den Blackdown Hills. – Als der Besitz in den fünfziger Jahren von der Feuerwehr der Grafschaft Somerset übernommen wurde, war von den 1904 entstandenen Gärten nicht mehr viel übriggeblieben. Glücklicherweise beschloß der neue Hausherr deren Wiederherstellung, und zwar auf Grund von Miss Jekylls eigenhändigen Plänen, die an der Wand eines Gartenschuppens befestigt waren, sowie ihrer anderen Entwürfe, die man in den Archiven der Fakultät für Landschaftsgestaltung an der Universität von Berkeley in Kalifornien entdeckt hatte. Die Restaurierung dauerte von 1975 bis 1980, und heute kann man hier einen der ganz wenigen originalgetreu nachgestalteten Gärten von Jekyll/Lutyens bewundern.

Eine Steintreppe führt von Lutyens' großartiger Orangerie zu dem erhöht angelegten Holländischen Garten. Der Hügel diente früher als Abfallplatz, – wahrlich ein ungünstiger Ausgangspunkt für einen Garten! Lutyens ließ die enormen Mengen von Unrat fortschaffen und das Gelände pflastern, legte ein Rundbeet in der Mitte an und rahmte es mit vier kreuzförmigen Beeten sowie zwei weiteren Beeten beiderseits der Gartentür an der Mauer ein. Die formalen Beete ließ er mit Rosen, Yucca, Lavendel und Katzenminze bepflanzen und mit Wollziest (*Stachys lanata*), Miss Jekylls Lieblingspflanze, einfassen.

Cranborne Manor

Wimborne, Dorset

Cranborne Manor wurde 1207 als Jagdsitz für König Johann gebaut. Die heutige Anlage mit ihrer bezaubernden Märchenatmosphäre geht auf Robert Cecil, Earl of Salisbury, den berühmten Minister Karls I., zurück.

1954 zog Lady Cranborne, spätere Lady Salisbury, ein und entfaltete hier ihre gartengestalterische Begabung, indem sie dafür sorgte, daß der Garten wieder eine dem Herrensitz angemessene Form erhielt. Sie nahm sich besonders des Kräutergartens an, ließ rechteckige „Fenster" in die alten hohen Eibenhecken schneiden, damit sich Durchblicke auf die Waldlandschaft ergaben, teilte die Fläche von 30 x 9 m in sechs große Rechteckbeete, faßte sie mit Heiligenkraut ein und plazierte in den Schnittpunkt von vier grasbestandenen Wegen als Blickfang eine Sonnenuhr. Um diese herum pflanzte sie Hochstamm-Geißblattsträucher, die inzwischen zu dem besonderen Kennzeichen von Cranborne und Schloß Hatfield (siehe S. 75) geworden sind. Die etwa 80 Kräuterarten sind zwanglos angeordnet und dürfen sich auf den Beeten zu ihrer vollen Schönheit entfalten. Auf diese Weise ist der Inbegriff eines englischen Kräutergartens entstanden.

Vor der Bibliothek hat Lady Salisbury vor kurzem ein Parterre von 24 x 9 m im Stil des 17. Jahrhunderts geschaffen (siehe nebenstehendes Foto). Um ein zentrales Rundbeet mit einem Buchsbaum in Korkenzieherform als Mittelpunkt liegen Beete mit geometrischen Mustern, deren Ränder und Inneneinteilungen aus Buchsbaumhecken bestehen. Lady Salisbury schreibt: „Mein Parterre hat mir viel Vergnügen bereitet. Ich bin nach strengen Gesichtspunkten vorgegangen und habe ausschließlich Pflanzen des 16. und 17. Jahrhunderts benutzt. Großzügige Bekannte haben mir die Nelken von früher, den rosafarbenen Wegerich, die gefüllte Nachtviole sowie die gelbgebänderte Tazette überlassen. Die Kostbarkeiten vergangener Epochen wachsen jetzt in der Nachbarschaft von Gerards gefüllter Schlüsselblume, der gefiederten und gefüllten Hyazinthe und, nicht zu vergessen, der vornehmen Kaiserkrone, ohne die ein traditionelles Parterre nicht vollständig war."

Blauer Eisenhut

Aconitum napellus
Ausdauernde Staude
Familie Hahnenfußgewächse (Ranunculaceae)
Blüte dunkelblau, Juli bis August
Syn. Sturmhaube

Der Eisenhut ist eine der giftigsten Wildpflanzen (Giftklasse 1). Er wird bereits in Herbarien des 10. Jahrhunderts erwähnt. Der deutsche Name „Wolfseisenhut" für die gelbblühende verwandte Art *A. vulparia,* früher *A. lycoctonum,* geht auf das griechische *lycoctonum,* zurück, da die Griechen ihre Pfeilspitzen mit dem Eisenhutgift Aconitin einrieben, um Wölfe zu töten. Die mittelalterliche Bezeichnung „Sturmhaube" ergab sich aus der Form der Blüte.

Der Eisenhut liebt feuchte Böden und vor allem Schatten. Die Pflanzstelle bereitet man im Herbst sorgfältig vor. Man gräbt tief um und verarbeitet guten Kompost oder verrotteten Dung. Vermehren kann man durch Wurzelableger, indem man die neu entstandenen Wurzeln im Herbst umpflanzt. Auch die Vermehrung durch Samen im Kalthaus oder im Frühbeet ist vom Vorfrühling an möglich. 24 Varietäten stehen zur Verfügung. Die Jungpflanzen sind nach zwei bis drei Jahren blühfähig.

Das Aconitin war früher ein verbreitetes Beruhigungs- und Schmerzmittel. Heutzutage wird es in der Homöopathie und in der Medizin äußerlich angewendet, und zwar bei Neuralgien, Gicht, Rheuma, Erkrankungen der Atemwege und als schweißtreibendes Mittel.

Echte Engelwurz

Angelica archangelica
Zweijährig
Familie Doldenblütler (Umbelliferae)
Höhe 1,80 m-2,40 m
Blüte grüngelb, Juli bis August
Syn. Heiligengeistwurzel, Brustwurz

Die Engelwurz ist in Nordeuropa und Asien beheimatet. In Deutschland kultiviert man sie seit dem 14./15. Jahrhundert; erwähnt wird sie jedoch bereits im Folchardpsalter von Sankt Gallen (9. Jahrhundert), denn sie ist eine der ältesten Symbolpflanzen in der religiösen Kunst. Die lateinische Bezeichnung *archangelica* geht auf die volkstümliche Vorstellung zurück, daß die Pflanze genau am Feiertag des Erzengels St. Michael blühe. Die Engländer leiten sie auch von der russischen Stadt Archangelsk ab, in deren Nähe John Tradescant der Ältere (siehe Seite 75 und 79) die Pflanze fand; er nahm sie von dort nach England mit.

Engelwurz zieht man am besten aus Samen, und zwar sät man im September, sobald die Samen reif sind, in gut durchfeuchteten Boden, denn die Keimfähigkeit läßt schnell nach. Die Sämlinge werden im folgenden Jahr im Abstand von einem Meter verpflanzt. Die Engelwurz ist zweijährig, kann aber bei rechtzeitigem Rückschnitt mehrere Jahre blühen.

Die langen fleischigen Stiele werden in der Likörindustrie verwendet (‚Benedictine' und ‚Chartreuse'). Im Mittelalter galt die „Heiligengeistwurzel" als göttliches Mittel gegen die Pest. Im „Englischen Wasser" des 17. und 18. Jahrhunderts war Engelwurzextrakt enthalten und sollte beim Austreiben von Giften und bösen Geistern helfen.

Apothekerrose

Rosa gallica officinalis
Familie Rosengewächse (Rosaceae)
Höhe 0,70-1 m
Blüte karminrot, Juni bis August
Syn. Rote Rose von Lancaster

Man nimmt an, daß diese Rose ursprünglich aus Persien stammt. Sie verbreitete sich von dort über den Vorderen Orient, Kleinasien, Griechenland und Italien nach Frankreich. Das Wort „Rose" kommt vom griechischen *rodon* (rot). *Rosa gallica* ist eine der drei Hauptvorfahren der heutigen Rosen; die meisten alten Rosen, darunter der Großteil der Strauchrosen, stammen von ihr ab.

Die Apothekerrose ist eine äußerst nützliche Gartenpflanze. Sie ist nur schwach bestachelt und bildet ausgezeichnete Hecken. Sie muß regelmäßig zurückgeschnitten werden, am besten kurz nach dem Jahreswechsel. Ihre Blütezeit ist zwar kürzer als die ihrer modernen Enkel, aber die Vollkommenheit ihrer Blüte und der wunderbare Duft machen diesen Nachteil wett. Sie verträgt keinen Schatten oder Halbschatten, gedeiht aber auch in schlechten Böden, wenn sie nur in voller Sonne steht. Ihre Blütenblätter lieferten im Mittelalter die Grundstoffe für die Farbe Rot; heute werden ihre Aromastoffe für zwei bekannte französische Liköre – „Parfait Amour" und „L'Huile de Rose" – benutzt. Auf dem kulinarischen Sektor spielt die Apothekerrose seit Jahrhunderten eine Rolle, und zwar im Rosenhonig, Rosenwein, Rosensalat, Rosenblättergelee und in der Rosenmarmelade, um nur einige der bekanntesten und beliebtesten Anwendungsbeispiele zu erwähnen.

Basilienkraut

Ocimum basilicum
Empfindliches einjähriges Kraut
Familie Lippenblütler (Labiatae)
Höhe 50 cm
Blüten weiß, Juni bis August
Syn. Basilikum, Basilie

Das Basilienkraut stammt aus Indien und ist in den Tropen und Subtropen weit verbreitet. Vom Ägypten der Pharaonen aus gelangte es in die Mittelmeerländer, wo das nach Gewürznelken duftende Kraut von den Griechen und Römern sehr geschätzt wurde. Nach England kam es im 16. Jahrhundert, nach Nordamerika um 1700. Heute spielt es in der Kochkunst der Südfranzosen und der Italiener eine große Rolle.

In Nordeuropa ist das Basilienkraut eine eher empfindliche, nicht besonders frostresistente Einjahrespflanze, die bei uns im Frühling aus Samen gezogen werden muß. Man sät in sandigen Kompost und schützt die Anzuchtgefäße im Gewächshaus oder unter Glas. Gute Luftzirkulation, volle Sonne und trokkene Wärme sind die Voraussetzung für eine erfolgreiche Keimung, die etwa 14 Tage dauert. Die Sämlinge sind empfindlich gegen Pilzbefall bei zu dichtem Stand in feuchter Luft. Daher muß man unbedingt dünn säen, dem Gießwasser ein Pilzmittel zusetzen und die Luftfeuchtigkeit niedrig halten. Nach den letzten Spätfrösten pflanzt man aus und entspitzt bei einer Stengellänge von 15 cm, um buschige Pflanzen zu erhalten.

Echter Lorbeer

Laurus nobilis
Immergrüner Strauch oder Baum; frostempfindlich, Überwinterung im Schuppen oder in der Garage.
Familie Lorbeergewächse (Lauraceae)
Höhe 9-18 m
Blüte blaßgelb, Mai bis Juni

In seiner mittelmeerischen Heimat, in Kleinasien und Südeuropa, wird der Lorbeerbaum bis 18 m hoch, aber im nördlichen Europa einschließlich Großbritannien und Nordamerika erreicht er nur 4,50 m bis 9 m. Sein Wuchscharakter eignet sich gut für den Formschnitt, und es ist daher nicht verwunderlich, daß man ihn oft als Blickfang in den formalen quadratischen Kräutergärten findet, sei es als Hochstamm oder Pyramide, zu zweit oder einzeln in geräumigen Behältern. Die botanische Bezeichnung stammt aus dem Lateinischen: *laurus* = „Lob", „loben"; *nobilis* = „edel."

Der Lorbeer ist ein immergrüner langsam wachsender Baum oder Strauch mit länglich-lanzettförmigen, lederartigen, glänzenden Blättern von 5 bis 10 cm Länge. Sie sind mittel- bis dunkelgrün und haben ein typisches Aroma. Im Küstenklima wächst der Lorbeer zu prächtigen Hecken heran. Im kalten Klima pflanzt man ihn am besten an geschützte sonnige Stellen, da er bei Frost und kaltem Wind im Winter Schaden nimmt. Man vermehrt ihn durch Ableger, oder, was gebräuchlicher ist, durch Stecklinge von halb verholzten Zweigen. In Gärtnereien werden bewurzelte Stecklinge während der ersten Jahre in Töpfen gezogen.

Borretsch

Borago officinalis
Einjährig
Familie Rauhblattgewächse (Boraginaceae)
Höhe 60 cm
Blüte blau, Mai bis Juni
Syn. Gurkenkraut

Borretsch stammt aus dem Mittelmeergebiet, kommt aber in großen Teilen Europas verwildert vor. Möglicherweise ist er ein Gartenflüchtling. Die Pflanze samt sich an Weg- und Straßenrändern oder auf Brachflächen selbst üppig aus.

In einem englischen Kräuterbuch aus dem 17. Jahrhundert heißt es vom Borretsch: „kleine Zweiglein diser Pflantze curiren den Hypochonder und erquicken den trägen Geist." Nach Plinius ist Borretsch das bei Homer erwähnte Kraut ‚Nepenthe', das, in Wein getaucht, das Erinnerungsvermögen völlig auslöschte. Der Name der Art soll von dem lateinischen *buria* („Wollbüschel") kommen – eine passende Bezeichnung, denn die ganze Pflanze ist borstig behaart.

Borretsch gedeiht in voller Sonne auf fast allen gut dränierten Böden. Will man ihn ansiedeln, sät man am besten im Frühling, wenn der Boden sich erwärmt. Hat er Fuß gefaßt, dann taucht er an allen Ecken und Enden auf. Er ist eine vorzügliche Bienenweide, denn die Blüten sind nickend und verhindern dadurch, daß der Nektar vom Regen ausgewaschen wird. Die Blätter schmecken schwach nach Gurken und dienen oft zum Würzen von sommerlichen Getränken. Die schönen himmelblauen Blüten kandiert man für die Tischdekoration. Borretschabsud ist in Frankreich ein häufig benutztes Mittel gegen Fieber und Lungenbeschwerden.

Katzenminze

Nepeta cataria
Ausdauernd
Familie Lippenblütler (Labiatae)
Höhe 30-60 cm
Blüte blau, Juli bis September
Syn. Katzenkraut

Die Heimat der Katzenminze ist Europa und Asien. Sie wächst wild an Hecken und Feldrändern und besiedelt kalkreiche und steinige Brachflächen. Auch in Nordamerika kommt sie jetzt verwildert vor. Der minzenartige Duft lockt Katzen unwiderstehlich an. Sie wälzen sich auf den Pflanzen und zerstören sie, scheinen aber gesäte Exemplare zu meiden, wie ein altes Sprichwort besagt:

„Pflanzt man sie, dann toben Katzen;
Sät man sie, tun sie nicht kratzen."

Katzenminze vermehrt man durch Stecklinge im Sommer, durch Wurzelteilung im Frühling oder Herbst oder einfach durch Aussaat im Frühling. Sie braucht nicht so viel Feuchtigkeit wie die Minze und liebt sonnige Lagen. Wegen ihrer gefälligen graugrünen Blätter und bläulichen Blüten ist sie eine hübsche Einfassungspflanze und eignet sich besonders gut als Kontrast zu Strauchrosen. Der

Absud von getrockneten Blättern der Katzenminze fördert den Schlaf; früher rauchte man die Blätter gegen Halsschmerzen, bis sich herausstellte, daß diese Anwendung Halluzinationen verursachte.

Kerbel, Gartenkerbel

Anthriscus cerefolium
Zweijährig
Familie Doldenblütler (Umbelliferae)
Höhe 60 cm
Blüte weiß, Mai bis August

Der Kerbel ist in Osteuropa und Westasien beheimatet; manche Quellen geben Südrußland als Herkunftsland an. Die Griechen sollen ihn als Würzkraut verwendet haben, während die Römer ihn vornehmlich als Gemüse aßen. Im 16. und 17. Jahrhundert wurde Kerbel vielerorts als Salatpflanze angebaut, und zwar mehr wegen des Samens als wegen der Blätter. Im 18. und 19. Jahrhundert nahm seine Beliebtheit ab, aber heute wird er in Amerika, wo er eingeführt wurde, in Großbritannien und ganz besonders in Frankreich außerordentlich geschätzt. Der Name „Kerbel" leitet sich vom griechischen *chairephyllon* („Kraut der Freude" oder „schönes Blattwerk") ab.

Die Kerbelblätter sind fein gefiedert und frischgrün; die winzigen weißen Blüten bilden Dolden, also die charakteristische Blütenform dieser Gattung, zu der auch Petersilie und Fenchel gehören. Kerbel ist zweijährig, wird im Spätsommer gesät und im Frühling geerntet. Man

kann ihn aber auch als Einjahrespflanze behandeln; dann sät man mehrmals in zeitlichen Abständen während der gesamten Vegetationsperiode, bis er Fuß gefaßt hat und sich dann von Jahr zu Jahr selbst bereitwillig aussät.

Schnittlauch

Allium schoenoprasum
Ausdauernd
Familie Liliengewächse (Liliaceae)
Höhe 30 cm
Blüte dunkelrosa, Juli bis August
Syn. Graslauch

Schnittlauch ist die kleinste und würzigste Kulturform der Gattung *Allium* (Lauch) und ist eng verwandt mit Knoblauch, Schalotte und Porree. Er stammt aus dem gemäßigten Klima Nordeuropas, hat sich über Südeuropa nach Sibirien sowie Nordamerika verbreitet und wächst heute wild in Kanada und in den USA. Der lateinische Name leitet sich von den griechischen Begriffen *schoenos* („die Binse“) und *prason* („Lauch“) ab.

Die Blätter bestehen aus röhrigen, weichen, graugrünen Schäften. Die Blütenköpfe muß man entfernen, soll der Schnittlauch zart bleiben und das Wachstum angeregt werden. Man kann Schnittlauch säen, erntet aber früher, wenn man fertige Ballen kauft, sie im Herbst oder Frühling teilt und im Abstand von 20-22 cm etwa 5 cm tief pflanzt. Beim Ernten zieht man nicht, sondern schneidet stets, und zwar nicht alle Schäfte auf einmal, sondern nacheinander. Man durchtrennt die Blätter zweckmäßigerweise etwa 5 cm über dem Erdboden. Schnittlauch ist eine Zwiebelpflanze und benötigt daher eine gewisse Anzahl von Blättern, um sich zu regenerieren und Brutzwiebeln zu bilden. Damit das allgemein geschätzte Grün nachwächst, muß man regelmäßig düngen. Auch darf man niemals alle Sprosse eines Ballens entfernen, damit die Planzen sich erholen können.

Gartennelke

Dianthus caryophyllus
Ausdauernd
Familie Nelkengewächse (Caryophyllaceae)
Höhe 30 cm
Blüte weiß bis rosa oder rot; Juli bis August
Syn. Nägelein

Die Gartennelke stammt ursprünglich aus dem Mittelmeerraum und gelangte vermutlich mit den Normannen nach Mittel- und Westeuropa.
Die Artbezeichnung *caryophyllus* kommt aus Indien. Sie bezog sich zunächst auf die Gewürznelke und wurde später auf unsere Art übertragen.
Der Gattungsname *Dianthus* kommt von den griechischen Wörtern *Di* für „Zeus“ und *anthos* für „Blume“ und bedeutet daher „Blume der Götter.“ Während der Kreuzzüge benutzte man die Gartennelke als Ersatz für die Gewürznelke und stellte aus den Blüten eine Arznei gegen die Pest her. Heute verwendet die Parfümindustie das Nelkenöl für ihre Produkte. Man kann die Blütenblätter auch kandieren, indem man sie mit steifgeschlagenem Eiweiß bestreicht und dann mit Puderzucker bestreut. Getrocknete Blütenblätter gehören seit altersher zu den bevorzugten Bestandteilen von Dufttöpfen.

Seit dem Mittelalter kommen die Nelken in fast allen Gärten vor und werden dort in Trupps gepflanzt oder als Beeteinfassung benutzt. Die Gartennelke ist die Stammform der meisten Sorten und Zuchtformen. Man kann sie durch Samen, Stecklinge, Absenker oder Wurzelteilung vermehren, muß aber für eine sonnige Lage und gut dränierten Boden sorgen.

Garten-Koriander

Coriandrum sativum
Einjährig
Familie Doldenblütler (Umbelliferae)
Höhe 30-90 cm
Blüte weiß, Juni bis Juli

Koriander ist in den Mittelmeerländern sowie dem Kaukasus beheimatet und kommt heute an vielen Orten verwildert vor. Der Name ist aus dem griechischen *koros* („ein Käfer") entlehnt, da die Pflanze stark nach Insekten – manche sagen: nach Wanzen – riecht.

Koriander sät man im Frühling ins Freie. Manchmal keimt er nur zögernd, aber im allgemeinen kann man die Blätter vom Frühsommer an ernten. Salate erhalten durch dieses Kraut einen ausgeprägten Geschmack. Kein Wunder, daß Koriander in der Kochkunst der Chinesen, der Inder, der meisten Mittelmeerländer und sogar Mexikos eine bedeutende Rolle spielt. Die Peruaner sind so begeistert von dem Geschmack und dem Duft des Korianders, daß sie damit fast alle Gerichte würzen. Er ist insofern ein ungewöhnliches Würzkraut, als er ein säuerliches, seifiges Aroma hat. Die Samenkörner duften schwach nach Orangen und schmecken auch so. Man kann sie heute in vielen asiatischen und indischen Delikatessengeschäften erhalten, und auch bei uns würden sie wohl viel häufiger gekauft, wenn wir wie die Chinesen davon überzeugt wären, daß man durch sie Unsterblichkeit erlangen kann. Das ätherische Öl der Samen findet Verwendung in der Parfüm- und Likörindustrie.

Heiligenkraut

Santolina chamaecyparissus
Ausdauernd
Familie Korbblütler (Compositae)
Höhe 60 cm
Blüte gelb, Juli bis August

Das Heiligenkraut hat flachrunde gelbe Blütenköpfchen und feingefiederte silbergraue Blätter. Nah verwandt sind *Santolina incana* und deren graue Zwergform *nana* sowie die graue *S. neapolitana* und die immergrüne *S. virens* mit sattgrünen Blättern. *Santolina incana* gehört mit dem Buchsbaum und dem Gemeinen Gamander zu den drei beliebtesten Einfassungspflanzen für formale Kräutergärten und Parterres, weil sie immer adrett aussieht, starken Rückschnitt verträgt und in geschützter Lage winterhart ist. Heiligenkraut eignet sich gut für niedrige, graue Hecken und wird auch oft für Blumensträuße verwendet. Von ihrer südeuropäischen Heimat hat sie sich über Dalmatien und Nordafrika ausgebreitet.

Heiligenkraut kann man leicht durch 5 bis 8 cm lange Stecklinge vermehren, die man im Frühling schneidet, wenn der Halbstrauch wieder austreibt, und in ein Wuchshormonmittel taucht. Die Stecklinge bewurzeln sich schnell und können dann in durchlässigen Boden ausgepflanzt werden, sobald sie 10 bis 12 cm lang sind. Eine vollsonnige Lage ist zu empfehlen. Ältere Pflanzen neigen stark zum Verholzen. Daher muß man die Einzelbüsche und die Hecken im Frühling stark zurückschneiden, wenn sie ihre ansprechende Form behalten sollen.

Löwenzahn

Taraxacum officinale
Ausdauernd
Familie Korbblütler (Compositae)
Höhe 30 cm
Blüte gelb, März bis September
Syn. Kuhblume

Der Löwenzahn kommt überall in der nördlichen gemäßigten Zone vor. Auf der südlichen Halbkugel ist er nicht heimisch. Er wächst auf Wiesen, Offenland und Brachflächen und gilt als lästiges, unausrottbares Unkraut, denn nach der Blüte samt er sich überreichlich aus. Andererseits ist er auch eines der nützlichsten Kräuter Europas. Die noch nicht blühfähigen Pflanzen werden in der Volksmedizin seit jeher als harntreibendes und abführendes Mittel verwendet; die jungen Blätter ergeben einen schmackhaften Salat, und die getrockneten, gemahlenen und gerösteten Wurzeln sind ein passabler Kaffee-Ersatz, während die Blüten sich zu Löwenzahnwein vergären lassen.

Will man den Löwenzahn als Wildgemüse nutzen, sollte man nicht auf die überall in freier Natur vorkommenden Pflanzen zurückgreifen, sondern sie im eigenen Garten ansiedeln. Am besten sät man im Herbst in feuchte, nahrhafte Erde. Die Wurzeln brauchen ein bis zwei Jahre zu ihrer vollen Entwicklung; dann kann man sie für Koch- und Heilzwecke ernten. Man sollte nur gesunde und kräftige Exemplare verwenden. Will man andererseits wirklich Wildpflanzen sammeln, dann sollten diese nicht zu nahe an Hauptverkehrsstraßen wachsen.

Schwarzer Holunder

Sambucus nigra
Familie Geißblattgewächse (Caprifoliaceae)
Höhe bis 9 m
Blüte weiß, Juni bis Juli
Syn. Flieder, Holder

Der Schwarze Holunder ist in Europa sowie in Nord- und Westafrika heimisch. Er gilt bei vielen Menschen als heilig und mit magischen Kräften ausgestattet. Judas Ischariot soll sich in einem Holunderbaum erhängt haben. Noch heute scheuen sich Gärtner und Landbewohner in England, wildwachsenden Holunder zu beseitigen; Zigeuner verbrennen keinen Holunder in ihren Stammesfeuern.

Holunder läßt sich durch Ausläufer oder Stecklinge im Frühling oder im Herbst vermehren. Er liebt feuchte Lagen. Die medizinischen Indikationen sind vielfältig: Behandlung von Katarrhen, Erkältungen, Verstopfung, zum Gurgeln. Aus den Blättern macht man Salben gegen Quetschungen; die Blüten eignen sich für Kosmetika sowie für medizinische Augen- und Hautwässer; ihr Muskataroma würzt den Holunderblüten-Wein beziehungsweise Holunderblüten-„Sekt". Die Früchte ergeben ein ausgezeichnetes Gelee und einen ebensolchen Obstwein. Im Deutschen werden die Holunderbeeren, die in reifem Zustand fast schwarz werden, oft als „Fliederbeeren" bezeichnet. Mit dem Flieder (*Syringa vulgaris*) haben sie jedoch an sich nichts zu tun.

Nachtkerze

Oenothera biennis
Zweijährig
Familie Nachtkerzengewächse (Onagraceae)
Höhe 1-1,20 m
Blüte gelb, Juni bis September
Syn. Gemeine Nachtkerze

Die Nachtkerze ist im östlichen Teil Nordamerikas beheimatet und wurde von dort nach Italien eingeschleppt, von wo sie sich über ganz Europa ausbreitete. Die Gattungsbezeichnung kommt aus dem griechischen *oinos* für „Wein" und *thera* für „Jagd". In Nordamerika gilt sie als Unkraut, in Europa als hübsche Gartenpflanze. Die Nachtkerze hat die Eigenart, ihre großen seidigglänzenden, gelben und süßduftenden Blüten erst am frühen Abend zu öffnen und nur eine Nacht lang in voller Entfaltung offen zu halten. Die einzelne Blüte hat also eine kurze Lebensdauer, aber die Pflanze entwickelt fast den ganzen Sommer hindurch wahre Blütenmassen. Sie gehört zu den „Eisenbahnpflanzen", die sich bei uns längs der Schienenwege stark ausbreiten.

Man hat herausgefunden, daß Nachtkerzenöl ein wirksames Mittel bei vielen degenerativen Erkrankungen des Nervensystems, beispielsweise bei Multipler Sklerose, ist und sich auch zur Behandlung von prämenstrualen Verkrampfungszuständen eignet.

Die Nachtkerze läßt sich in sonniger Lage und auf sandigem Boden leicht ziehen. Sie wächst praktisch überall und fällt meist echt aus Samen. Läßt man die Pflanze im zweiten Jahr in Saat schießen, dann erhält man im darauf folgenden Jahr eine beträchtliche Anzahl von Sämlingen, die man hochnehmen und verpflanzen kann.

Fenchel

Foeniculum vulgare
Ausdauernd, winterhart
Familie Doldenblütler (Umbelliferae)
Höhe bis 1,50 m
Blüten gelb, Juli bis Oktober

Fenchel gehört zu den vielen Küchenkräutern, die in Südeuropa und an den Küsten des Mittelmeeres beheimatet sind. Er wird bereits in den altägyptischen Papyrusdokumenten erwähnt. Die Römer verwendeten ihn als Küchengewürz; nördlich der Alpen ist er seit dem frühen Mittelalter bekannt. Er wächst jetzt wild in Europa und den meisten Ländern mit gemäßigtem Klima; auch in Kalifornien hat er Fuß gefaßt. Fenchel gedeiht auf Kalkböden und liebt daher die Kreidefelsen an der See. Der Gartenfenchel ist stämmiger als die Wildform mit ihren dünnen, hochaufgeschossenen Trieben.

Wegen seiner beträchtlichen Höhe in ausgewachsenem Zustand eignet sich Fenchel ausgezeichnet als Hintergrundpflanze in einer Rabatte oder als zentraler Blickfang in formalen Kräutergärten. Die Eleganz der gefiederten Blätter und die Schönheit der Dolden, die sich aus würzigen gelben Blüten zusammensetzen, machen den Fenchel zu einer höchst dekorativen Pflanze. Er nimmt mit jedem Boden vorlieb, nur muß der Standort sonnig sein. Man sät im Frühling, sobald der Boden sich genügend erwärmt hat, oder im Frühsommer und pikiert dann auf 50 cm.

Mutterkraut

Chrysanthemum parthenium
Ausdauernd
Familie Korbblütler (Compositae)
Höhe 60-90 cm
Blüten weiß, Juni bis August
Syn. Wucherblume, Balsamkraut

Das Mutterkraut ist in Südosteuropa beheimatet und hat sich von dort bis nach Großbritannien und Nordamerika ausgebreitet. Es wächst wild an trockenen Standorten in durchlässigem Erdreich. Das Mutterkraut hat mittelgrüne Blätter und Gänseblümchenblüten. Es sät sich selbst aus oder kann durch Wurzelteilung, Stecklinge oder durch Aussaat im Frühling vermehrt werden. Im Frühsommer kann man die Jungpflanzen dann ins Freibeet setzen. Der Boden sollte lehmhaltig und mit gutem Dung versetzt sein.

Erst kürzlich hat sich in der medizinischen Forschung herausgestellt, daß dieses Kraut sich zur Behandlung der Migräne eignet. 70 % der Versuchspersonen am Chelsea College in London, die täglich 1 bis 5 Blätter zu sich nahmen, fühlten sich nach sechs Monaten besser. Da die Blätter muffig schmecken und unangenehm riechen, ist die Behandlung kein Vergnügen. Manche Patienten klagen auch über geringfügige Mundentzün-

dungen. Wenn man die Blätter des Mutterkrauts aber zusammen mit den angenehm schmeckenden Thymian- oder Salbeiblättern ißt, wird diese hochwirksame Kräutermedizin erträglich. Ein Absud aus den Blättern hat sich seit Jahrhunderten als Stärkungsmittel und Heiltrank gegen Rheuma bewährt.

Roter Fingerhut

Digitalis purpurea
Zweijährig
Familie Rachenblütler (Scrophulariaceae)
Höhe 1-1,50 m
Blüte rötlich-purpurn, Juni bis Juli

Der Rote Fingerhut ist in ganz Europa verbreitet; in Wäldern und an Heckenrändern ist er als Wildpflanze anzutreffen. „Diß gewechß würdt von unseren Teütschen Fingerhut geheyßen / darumb das seine blumen einem Fingerhut / so man zu dem näen braucht / gantz und gar ähnlich sind", heißt es in dem „New Kreüterbüchlein" von Leonhart Fuchs, 1543.

Im Jahre 1776 erkannte der englische Arzt William Withering die Heilwirkung des Fingerhutgiftes Digitalis bei Wassersucht: Neue Forschungen führten zur Entdeckung der Glykoside des Digitoxins in den Blättern des Wolligen Fingerhuts, mit denen sich Frequenz, Rhythmus, Ton des Herzschlags und Kontraktion des Herzmuskels besonders gut regulieren lassen, wenn die Mediziner auch noch nicht wissen, aus welchem Grund sich das Digitoxin zur Behandlung des Herzens eignet. Als starkes Gift darf es nur strikt nach ärztlicher Verordnung angewendet werden.

Der Rote Fingerhut gedeiht am besten in durchlässigem, trockenem Boden. Die Wurzeln sollen beschattet sein, die Blüten aber lieben Sonne. Im Frühling gesät, blüht die Pflanze im nächsten Jahr. Bei rechtzeitigem Rückschnitt nach der Blühperiode entwickelt sich aus dem dichten Wurzelwerk neues Wachstum, so daß der Fingerhut mehrere Jahre blühen kann.

Französischer Estragon

Artemisia dracunculus
Ausdauernd
Familie Korbblütler (Compositae)
Höhe 45-60 cm
Blüht nicht in nördlichen Gebieten; setzt selten Saat an
Syn. Dragon, Dragun

Der echte Französische Estragon kommt aus Südeuropa und ist als Mitglied der Gattung *Artemisia* eng mit der Eberraute, dem Beifuß und dem Wermut verwandt. Er soll ursprünglich aus Südrußland und Osteuropa stammen, aber im Laufe der Jahrhunderte hat der Französische Estragon seinen blassen und fade schmeckenden russischen Stammesbruder in der Wertschätzung der Köche überrundet. 1548 hat er Großbritannien erreicht, und 1806 wird er zum erstenmal in Nordamerika erwähnt. Der erste Bestandteil der botanischen Bezeichnung enthält den Namen der griechischen Göttin der Jagd, Artemis, der zweite kommt aus dem Lateinischen und bedeutet „kleiner Drache."

Estragon gedeiht an sonnigen und warmen Plätzen und verlangt leichten, trockenen, durchlässigen und nicht zu nährstoffreichen Boden. Im Winter schützt man den Wurzelbereich mit

Stroh, Farn, zerhackter Baumrinde, Torf oder sogar Plastikfolie. Dann treibt die Pflanze im Frühling mit Sicherheit wieder aus. Falls der Winter extrem kalt ist, verpflanzt man ihn am besten in ein Mistbeet oder in einen großen Kübel, um ihn dann im Gewächshaus oder Kalthaus überwintern zu lassen.

Gefleckter Schierling

Conium maculatum
Ausdauernd
Familie Doldenblütler (Umbelliferae)
Höhe 1,50 m bis 1,80 m
Blüte weiß, Juni bis September
Syn. Fleckenschierling

Der Schierling kommt in Europa, in den gemäßigten Zonen Asiens und in Nordafrika vor. Von dort hat er sich bis nach Nord- und Südamerika ausgebreitet. Er gehört in die artenreiche Familie der Doldenblütler, ist also ein „Verwandter" von Fenchel, Petersilie und Wilder Möhre sowie des Bärenklaus und des Wiesenkerbels, die beide auf fast jeder Mähwiese wachsen. Man kann ihn am sichersten an den bläulich-rötlichen Flecken am Stengel erkennen.

Der Schierling wächst in ungepflegten Wiesen, auf Brachfeldern und an Flußufern. Er liebt feuchte Lagen und verwildert leicht. Aber die meisten Menschen verbannen ihn aus dem Garten, denn alle Teile der Pflanze sind hochgiftig.

Der Gefleckte Schierling gehört zu den ältesten und bekanntesten Giftpflanzen. Sokrates mußte den „Schierlingsbecher" trinken, einen Trank, in dem Schierlingssaft enthalten war. Plinius empfahl das Gift zur äußerlichen Behandlung von Geschwulsten. Einer Legende zufolge sollen die Purpurflekken auf den Stengeln das Schandmal symbolisieren, das auf Kains Stirn erschien, nachdem er seinen Bruder erschlagen hatte.

Eberraute

Artemisia abrotanum
Ausdauernd
Familie Korbblütler (Compositae)
Höhe 1,80 m
Blüte gelb, Juli bis Oktober
Syn. Aberraute, Eberreis, Zitronenkraut, Zitronell, Stabwurz, Gerthagel

Diese wunderbare Pflanze ist in Südeuropa, vor allem in Italien und Spanien, heimisch. Sie ist eng verwandt mit Beifuß und dem Wurmkraut. Nach alter Überlieferung steht die Eberraute unter der Influenz des Planeten Venus – ein Hinweis auf die Verwendung des Krauts als Aphrodisaikum in der Antike. Die englische Bezeichnung *Lad's Love* für die Eberraute gehört in denselben Zusammenhang. Die Pflanze duftet stark nach Zitrone beziehungsweise Kampfer und eignet sich daher gut als Insektenmittel. Die Franzosen benutzen sie in getrockneter Form gegen Motten und nennen sie aus diesem Grunde *Garde Robe*. In der Heilkunst wird die Eberraute in Stärkungsmitteln und Klistieren sowie zur Wundbehandlung verwendet. Früher legte man einen Strauß Eberraute neben den Gefangenen in der Anklagebank, um zu verhindern, daß er das „Gefängnisfieber" verbreitete.

Die Eberraute läßt sich leicht durch junge grüne Stecklinge im Sommer oder durch Stecklinge vom alten Holz im Herbst vermehren. Man kann sie auch aussäen. Sie braucht volle Sonne und leichte bis mittlere Böden mit Kompostzusatz. Ende April, Anfang Mai stutzt man sie energisch, damit sie nicht unordentlich wächst. Die Pflanze fügt sich wegen ihres Blattwerks vorzüglich in Staudenrabatten ein und macht sich gut in Sträußen.

Gemeiner Frauenmantel

Alchemilla vulgaris
Ausdauernd
Familie Rosengewächse (Rosaceae)
Höhe bis 45 cm
Blüte gelbgrün, Mai bis September
Syn. Marienmantel

Die Heimat des Frauenmantels sind die Anden, aber er ist heute in ganz Europa, Nordamerika, sowie in Teilen von Nordasien, vor allem im Himalajagebirge, verbreitet. Im Mittelalter war er der Jungfrau Maria zugeeignet, daher der Name „Frauenmantel" oder „Marienmantel". Die englische Bezeichnung „Löwenfuß" ist von der Form der fingerförmig eingeschnittenen Blattspreite abgeleitet.

Dieses ist eine höchst attraktive Gartenpflanze mit ihren gefältelten graugrünen Blättern, in deren dichter seidiger Behaarung sich die Tau- oder Regentropfen fangen und in der Morgensonne zu Füßen der puderquastenartigen, gelblichgrünen Blütenköpfe glänzen. Die Vermehrung ist durch Wurzelteilung im Frühling oder im Herbst oder durch Aussaat im Frühling möglich. Die Pflanze samt sich auch bereitwillig selbst aus und erscheint dann in Pflasterfugen und an anderen unwirtlichen Stellen. Zum Gedeihen benötigt sie Sonne oder Halbschatten und ist anspruchslos, was den Boden anbetrifft.

Seit alten Zeiten ist die Pflanze ein Volksmittel gegen Frauenleiden und wird auch heute noch von Kräuterkennern bei dieser Indikation empfohlen. Im Garten eignet sie sich als gute Einfassungspflanze auf Rabatten. Ihre Blüten und Blätter werden gern als Blumenschmuck verwendet.

Lavendel

Lavandula angustifolia
Ausdauernd
Familie Lippenblütler (Labiatae)
Höhe bis 90 cm
Blüte purpurn, Juni bis Juli
Syn. Großer Speik, Deutscher Speik, Narde

Der Lavendel ist ein Halbstrauch aus dem Mittelmeergebiet. Er wird seit Jahrhunderten in Südfrankreich und England angebaut und liefert in dem dortigen günstigen Klima besonders gutes Lavendelöl. Getrocknete Lavendelblüten, Lavendelöl und Lavendelwasser sind die drei bekanntesten Produkte, die sich aus dieser wunderbar duftenden Pflanze herstellen lassen.

Die Kultur des Lavendels ist einfach, vorausgesetzt, der Boden ist leicht und die Lage trocken, offen und vollsonnig. Der Lavendel liebt durchlässige Erde und leidet in zu nassen Wintern. Wenn die Wurzeln zu lange in stauender Nässe stehen, faulen sie, und die Pflanze stirbt ab. Man kann im Spätfrühling in Pflanzgefäße säen und die Sämlinge bei einer Höhe von 7,5 cm auspflanzen oder den Lavendel durch Stecklinge vom grünen oder alten Holz vermehren. Nach dem dritten Jahr verholzt das Herz des Lavendelbusches, wenn man nicht zu Beginn des Frühlings kräftig zurückschneidet, um die adrette Form der Büsche zu erhalten. Auch Lavendelhecken müssen in der gleichen Weise geschnitten werden, nur darf man niemals das alte Holz dabei verwunden.

Zitronenverbene

Lippia citriodora
Nicht winterharter Strauch; Kübelpflanze
Familie Eisenkrautgewächse (Verbenaceae)
Höhe 4,50 m
Blüte bläulichrot, August

Dieser nicht winterharte, laubabwerfende Strauch kam im 18. Jahrhundert nach Großbritannien. Er kann in geschützter Lage 3,50 m bis 4,50 m hoch werden. Am besten pflanzt man ihn an eine Südwand des Hauses oder in einen Wintergarten, so daß der wunderbare Zitronenduft sich durch geöffnete Fenster und Türen verbreiten und die Zimmer an heißen Sommertagen füllen kann. Die Zitronenverbene wird stets durch 5 bis 7,5 cm lange Stecklinge vermehrt und zwar im Frühjahr von frischen Zweigen oder im Spätsommer und Herbst von verholzten Zweigen. Neue Pflanzen müssen wegen der mangelnden Winterhärte während der ersten beiden Jahre im Zimmer oder im Gewächshaus geschützt stehen. Manchmal sieht der Strauch im Frühling wie tot aus, treibt aber schließlich doch wieder aus, wenn der Winter nicht zu streng war. Man pflückt die Blätter im Spätsommer, bevor sie vergilben, und trocknet sie an einem luftigen Ort. Ein Absud daraus hilft bei Verdauungsstörungen, und für den Dufttopf liefern sie besonders geschätzte Ingredienzien. Die Blätter behalten ihren Duft viele Jahre lang, und das Öldestillat gehört zu den Grundbestandteilen vieler Parfüms.

Liebstöckel

Levisticum officinale
Ausdauernd
Familie Doldenblütler (Umbelliferae)
Höhe 1,80 m bis 2 m
Blüte gelb, Juli bis August
Syn. Maggikraut

Liebstöckel stammt aus dem südöstlichen Europa, hat sich aber auch in Kleinasien, England und in den Oststaaten der USA ausgebreitet. Der heutige lateinische Name ist die entstellte Form der früheren botanischen Bezeichnung *Ligusticum* (Ligurien), der italienischen Landschaft, in der Liebstöckel besonders gut gedieh. Die Griechen kauten die Samen bei Verdauungsstörungen und Blähungen. Früher zog man die Pflanze in vielen Landhaushalten wegen der Wurzeln, die man als einfaches Hausmittel und in der Küche benutzte. Der Botaniker Nicholas Culpeper (siehe Seite 88) riet im 17. Jahrhundert: „Musig zerriebene Blätter in Schweineschmalz sieden und heiß auf Ausschlag und Furunkel legen." Der Wurzelstock und das Kraut werden noch heute in der Medizin als harntreibendes Mittel angewendet. Liebstöckel schmeckt stark nach Sellerie und kann daher als Sellerie-Ersatz benutzt werden, allerdings muß man wegen seines durchdringenden Aromas sparsam mit ihm umgehen.

Liebstöckel kann man sofort nach der Samenreife im Sommer in sonniger Lage aussäen. Der Boden muß gut gedüngt und feucht, jedoch durchlässig sein. Schwerer Lehmboden ist ungeeignet. Das gilt für die meisten Kräuter. Wenn man sie durch Wurzelteilung vermehrt, erreicht die Pflanze nach zwei bis drei Jahren ihre volle Höhe.

Mädesüß

Filipendula ulmaria
Ausdauernd
Familie Rosengewächse (Rosaceae)
Höhe 1 m bis 2 m
Blüte rahmweiß, Juni bis August

Der Name ist von dem alten Wort „Mädwurz" abgeleitet, da dieses Kraut früher zum Würzen von Met beziehungsweise Honigwein diente. Mädesüß ist in Deutschland auf feuchten Wiesen und an Ufern weit verbreitet. Es fällt durch sein gefiedertes Blattwerk und den rispigen, graziösen, rahmweißen Blütenstand auf. Die Blätter sind dunkelgrün und duften nach Mandeln, während den Blüten Zitronenduft entströmt. Beide Pflanzenteile eignen sich gut für Dufttöpfe. Es war früher üblich, Mädesüß auf den Fußboden zu streuen, um die Gerüche der mangelhaften Kanalisation zu überdecken. John Gerard schrieb in seinem Kräuterbuch von 1597: „Mädesüßblätter und -blüten sind besser als alle anderen Streukräuter in Zimmern, Hallen und Festsälen zur Sommerzeit; denn der Duft macht das Herz fröhlich und leicht und entzückt die Sinne."

Mädesüß kann man im Frühling säen oder durch Wurzelteilung vermehren. Feuchter, nahrhafter Boden und Halbschatten begünstigen das Wachstum. Bei Trockenheit muß man reichlich wässern. Wer im Frühling, wenn das Mädesüß noch nicht blüht, die Blätter dieser Art sammeln will, kann sie auch ohne Blütenstände leicht erkennen: Sie sind „unterbrochen gefiedert", d.h. auf zwei große gegenständige Blätter folgen jeweils zwei kleinere.

Grüne Minze

Mentha spicata
Mehrjährig
Familie Lippenblütler (Labiatae)
Höhe bis 60 cm
Blüte blaßrosa, Juli bis September

Die Heimat der Grünen Minze ist das Mittelmeergebiet und Nordasien. Sie gehört zu den vielen Küchenkräutern, die von den römischen Legionen nach Nordeuropa gebracht wurden.

Die meisten Minze-Arten haben vier Merkmale gemeinsam: vierkantige Stengel, gegenständige Blätter, weiße bis rötlichlilafarbene Blüten in Scheinähren, wuchernd, mehrjährig.

Die Grüne Minze vermehrt sich sehr rasch durch ihr kriechendes Wurzelsystem. Man muß sie daher in gebührender Entfernung von anderen Kräutern pflanzen. Am besten zügelt man ihren unbändigen Ausbreitungsdrang in Blechschüsseln oder Plastikeimern, deren Böden man entfernt hat; man darf aber nicht vergessen, daß die Lebensdauer von Plastik begrenzt ist. Man kann die Minze auch in Erdmulden pflanzen, die man mit Dachziegeln, Schieferplatten oder Blechstreifen abdichtet. Wenn man ein paar Wurzeln im Herbst hochnimmt, in einen Behälter pflanzt und im Gewächshaus unterbringt, hat man bereits im Frühling Minzenblätter für die Küche. Möchte man bei Pfefferminztee nicht auf Geschäfte angewiesen sein, dann muß man im Garten ein Fleckchen für die Pfefferminze (*Mentha piperita*) reservieren.

Kleinblütige Königskerze

Verbascum thapsus
Zweijährig
Familie Rachenblütler (Scrophulariaceae)
Höhe 1,50 m bis 2 m
Blüte gelb, Juli bis September
Syn. Wollblume

Die Königskerze ist in ganz Europa, in Westasien bis zum Himalajagebirge und in Nordamerika verbreitet. Im Osten der USA ist sie ein überall anzutreffendes Unkraut. In Mitteleuropa kommt sie an Wegrändern und auf Schuttplätzen vor, insbesondere auf Sand-, Kies und Kalkböden. Im ersten Jahr erscheint nur eine Rosette aus großen, wollig behaarten Blättern (15-30 cm lang). Die deutsche Bezeichnung „Wollblume“ bezieht sich auf dieses Kennzeichen. Im zweiten Jahr entwickelt sich aus der Rosette ein einzelner aufrechter, kräftiger Blütenstand mit gelben Blüten, der sich oft kandelaberartig verzweigt.

Die Königskerze zieht man im Frühjahr aus Samen. Sie sät sich später sehr reich aus. In nassen und kalten Lagen gedeiht sie nicht. Getrocknete Stiele verwendete man früher als Zunder zum Anzünden von Kerzen, die getrockneten Blätter in Räuchermixturen. In der Heilkunst spielt die Königskerze zusammen mit anderen Kräutern eine wichtige Rolle bei der Behandlung von Brustschmerzen und Husten. Sie ist auch ein gutes harntreibendes Mittel.

Petersilie

Petroselinum crispum
Winterhart, zweijährig
Familie Doldenblütler (Umbelliferae)
Höhe 25-30 cm
Blüte gelb, Juni bis Juli

Die Petersilie ist zwar im östlichen Mittelmeerraum, der Türkei, dem Libanon und Algerien beheimatet, aber sie hat sich als so anpassungsfähig erwiesen, daß sie in nahezu jedem Klima gedeihen kann. Sie war bereits in der Antike als Heil- und Kultpflanze bekannt. Die botanische Bezeichnung entstand durch Latinisierung der griechischen Wörter *petros* (Fels, Stein) und *selinon* (Petersilie). Im „Capitulare de villis" Karls des Großen wird sie bereits genannt; laut Linné kam sie im 16. Jahrhundert von Sardinien nach England. Von dort gelangte sie mit den ersten Siedlern nach Amerika. In der Volksmedizin wird sie als harntreibendes Mittel, gegen Blähungen und als Aphrodisiakum verwendet.

Die Petersilie gehört in jeden Garten, am besten in die Nähe der Küche oder in einen Topf auf einem sonnigen Fensterbrett. Der Samen geht oft nur langsam auf, da die äußere Samenhülle sehr hart ist. Man sät die Körner, die nicht älter sein dürfen als ein Jahr, im Spätfrühling in bereits erwärmten, tief gelockerten, nicht sauren Boden und düngt organisch sowie mit Kalkmehl. Das Beet muß feucht sein und fein geharkt werden. Ein leichter, sandiger Boden bringt meist schwächliche Pflanzen hervor; guter Lehmboden ist besser. Beim Ernten der Blätter pflückt man eine Pflanze nicht kahl, sondern beschränkt sich auf wenige Blätter von mehreren Pflanzen.

Pfefferminz-Geranie

Pelargonium tomentosum
Mehrjährig, empfindlich
Familie Storchschnabelgewächse (Geraniaceae)
Höhe 30-60 cm
Blüte weiß, Juni bis August

Die meisten duftenden Geranien, oder genauer: Pelargonien, kommen aus Südafrika. Diese Art wurde etwa 1632 vom Kap der Guten Hoffnung nach England gebracht, blieb aber 200 Jahre lang unbeachtet, bis sich um 1845 in Frankreich herausstellte, daß man das Pelargonienöl in der Parfümindustrie verwenden konnte. Ab Mitte des 19. Jahrhunderts wurde die Pelargonie in England zur Zimmerpflanze veredelt und in der viktorianischen Zeit im Treppenhaus aufgestellt, so daß die Blätter ihren Duft freigeben konnten, wenn sie von den Krinolinen der Damen gestreift wurden. Je nach der Varietät duften die Pelargonien nach Pfefferminz, Äpfeln, Zitronen oder Rosen.

In den nördlichen Breiten sind die Pelargonien nicht frosthart und müssen daher im Haus überwintern. Es hat sich als praktisch erwiesen, aus diesem Grund die Pflanzen eingetopft zu lassen, im Sommer in Blumenbeete zu stellen und vor den ersten Frösten wieder hereinzuholen. Man vermehrt durch Wurzelschnittlinge, die man im Spätsommer entnimmt und in eine Torf-Sandmischung steckt. Später pflanzt man in Töpfe mit guter Blumenerde um, hält die Pflanzen feucht und düngt gelegentlich.

Die getrockneten Blätter eignen sich für Dufttöpfe; die frischen Blätter benutzt man zum Würzen von Apfelgelee. Man kann sie auch auf den Boden von Keksdosen legen und auf diese Weise ihr Aroma auf das Gebäck übertragen.

Immergrün

Vinca minor
Immergrüner, mehrjähriger Halbstrauch
Familie Hundsgiftgewächse (Apocynaceae)
Höhe liegend, Triebe bis 60 cm lang
Blüte blau, April bis Juni
Syn. Singrün

Das Immergrün stammt aus Europa und wächst wild in Mischwäldern auf durchlässigen, lehmigen Böden. Viele abergläubische Vorstellungen ranken sich um diese Pflanze. In einigen Teilen Englands ist sie für die Landbevölkerung ein Talisman, der vor dem Teufel schützt. In Italien legte man sie auf die Särge gestorbener Kinder, in Frankreich gilt das Immergrün als Symbol der Freundschaft. In Deutschland wurde es als Liebeskraut geschätzt, wie sich aus dem Buch „Von den geheimnisvollen Kräften der Kräuter, Steine und Tiere" des berühmten Theologen und Philosophen Albertus Magnus (1200-1280) ergibt: „Immergrün, wenn zu Pulver gemahlen und mit Würmern der Erde umwickelt und auch mit einem Kraut, genannt Hauswurz, erzeugt Liebe zwischen Mann und Weib, wenn sie es ins Essen mischen."

Immergrün vermehrt man durch Wurzelteilung oder Stecklinge im Frühling oder im Herbst. Es ist ein leichtwachsender Bodendecker in schattigen Lagen, wenn nötig aber auch in voller Sonne. Es gibt daneben eine großblütige Art, *Vinca major,* und Varietäten mit gelb- und weißbuntem Laub, mit denen sich eine düstere Gartenecke aufhellen läßt. In der Medizin wird Immergrün als adstringierendes (zusammenziehendes) Medikament benutzt.

Ananas-Salbei

Salvia rutilans
Ausdauernd, aber nicht winterhart
Familie Lippenblütler (Labiatae)
Höhe 60-90 cm
Blüte scharlachrot, Juli bis September

Die Heimat dieser subtropischen Salbeiart ist Mexiko und Guatemala. Daher muß die Pflanze vor Frost geschützt werden. In unserem gemäßigten Klima kultiviert man sie am besten als Zimmerpflanze. Auf einem sonnigen Fensterplatz behält sie die Blätter sogar das ganze Jahr über. Behandelt man sie als Bonsai, dann verholzen die Triebe allmählich, und die Pflanze kann sehr alt werden. Wir haben sie aber auch schon in Londoner Gärten angetroffen, wo sie in geschützter Lage und bei sorgfältigem Frostschutz mehrere Jahre im Freien durchgehalten hat.

7,5-10 cm lange Stecklinge, die man im Sommer schneidet, bewurzeln sich rasch in Sand- oder Torfkompost, wenn man die Schnittstelle mit Hormon-Bewurzelungsmittel bestreut und jedes Blatt um ein Drittel seiner Länge einkürzt, bevor man die Triebe in das Pflanzsubstrat steckt. Die stattlichen, saftig grünen Blätter duften sehr angenehm und erfrischend nach Ananas. Sie eignen sich gut für Dufttöpfe.

Kermesbeere

Phytolacca americana
Ausdauernd
Familie Kermesbeergewächse (Phytolaccaceae)
Höhe 90 cm-2 m
Blüte weiß, Juni bis August

Die Kermesbeere stammt aus Nordamerika; in Europa kommt sie in den Mittelmeerländern verwildert vor und gedeiht dort gut auf leichten, nährstoffreichen Böden, besonders gern an Feld- und Straßenrändern. Die hübsche Pflanze hat kerzenartige Blütenstände von 15-17 cm Länge, die sich im Herbst in dichtgedrängte dunkelrote bis schwarze Früchte verwandeln.

Der Name „Kermesbeere", arabischen Ursprungs, ist über das Französische zu uns gelangt als Bezeichnung für die Farbe Karmesin, denn der dunkelrote Saft der Beeren und der Farbstoff der Kermesschildläuse, die an der Kermes-Eiche (Scharlach-Eiche) vorkamen, wurden im Mittelmeergebiet zur Herstellung von Farben und zum Färben von Rotwein sowie Zuckerwaren verwendet.

In der Medizin nutzt man die betäubenden Eigenschaften der Pflanze, vor allem bei chronischem Rheumatismus. Die Immunitätsforschung benötigt einige ihrer chemischen Bestandteile. Möglicherweise enthält die Kermesbeere auch eine wirksame Substanz gegen eine afrikanische Wasserschneckenart, die als Zwischenwirt bei der Übertragung der chronischen Wurmkrankheit Bilharziose eine Rolle spielt.

Die Pflanze läßt sich durch Aussaat im Frühling oder durch Wurzelteilung im Herbst oder im Frühling vermehren. Sie liebt sonnige Lagen in tief umgegrabenen, durchlässigen Böden.

Rosmarin

Rosmarinus officinalis
Immergrüner Halbstrauch
Familie Lippenblütler (Labiatae)
Höhe bis 1,80 m
Blüte blaßblau, März bis August

Rosmarin ist im südlichen Europa, in Kleinasien und an den Küsten des Mittelmeeres beheimatet. Er ist die Charakterpflanze der küstennahen trockenen Macchie. Der botanische Name leitet sich vom lateinischen *ros* (Tau) und *marinus* (zum Meer gehörig) her und bedeutet also „Meertau." Der Echte Rosmarin ist ein dichter, immergrüner Halbstrauch mit langen schmalen Blättern und blaßblauen Blütentrauben, die gern von Bienen besucht werden. Die stark aromatische Pflanze duftet an heißen Tagen nach Kiefernnadeln. Es gibt auch weiß- und rosablühende Varietäten; die verwandte Art *R. aureus* hat gelbgesprenkelte Blätter.

Am besten gedeiht Rosmarin in leichtem, eher trockenem beziehungsweise durchlässigem, kalkhaltigem Boden. Ein Schutz vor Winterstürmen ist angebracht. In kälteren Klimagebieten und in Gegenden mit Staunässe sollte man Rosmarin in Kübeln ziehen, im Sommer an einer Süd- oder Westwand aufstellen und im Gewächshaus oder im Zimmer überwintern lassen. Um guten Wasserabzug zu gewährleisten, legt man einige Scherben in den Kübel. Pflanzen, die bei Frost draußen bleiben, dürfen nicht geschnitten werden, sonst leiden sie oder gehen sogar ein. Rosmarin eignet sich für niedrige Hecken und kann an Mauern hochgezogen werden; die Form *R. lavandulaceus* ist ein guter Bodendecker unter alten Strauchrosen, wenn Winterschutz möglich ist.

Salbei

Salvia officinalis
Immergrüner Strauch
Familie Lippenblütler (Labiatae)
Höhe 60 cm
Blüte violett, Mai bis Juli

Salbei ist im südlichen Europa einschließlich Österreich beheimatet und wächst dort in geschützten Lagen auf trockenen Kalksteinböden. Im botanischen Namen ist das lateinische *„salveo"* (heilen) enthalten. Über die „krafft und würckung" schreibt Leonhart Fuchs 1543 in seinem Kräuterbuch: „Salbeyenbletter in wasser gesotten und getruncken treiben den harn. Salbey ist gut zu allerley wunden / seubert dieselbigen und heylet sie. Salbey stillet das blut so auß den wunden laufft darüber gelegt. Die bletter in wasser gesotten / vertreiben den husten und die weetagen der seiten. Salbey ist gut der verstopfften leber."

Salbei vermehrt man am besten im Spätfrühling oder Frühsommer durch Stecklinge von Triebspitzen beziehungsweise durch Aussaat. Volle Sonne und trockener Boden fördern das Wachstum. Um buschige Pflanzen zu erhalten, muß man im Spätfrühling scharf zurückschneiden. Heutzutage wird Salbei vorwiegend in der Küche benutzt. In frischem und getrocknetem Zustand ist es ein gutes Gewürz für fetten Schweine- oder Gänsebraten. Auch Käse läßt sich geschmacklich mit Salbei verbessern. Früher war Salbeitee beliebt, und als Vorläufer unserer Zahnputzmittel dienten Salbeiblätter zum Einreiben von Zähnen und Zahnfleisch.

Sauerampfer

Rumex acetosa
Ausdauernd
Familie Knöterichgewächse (Polygonaceae)
Höhe 30-60 cm
Blüte grünlich-rot, Mai bis Juni

Die Wildform des Sauerampfers ist in ganz Eurasien und Nordamerika verbreitet. Die Ägypter kannten ihn schon, und die Römer servierten ihn als magenfreundlichen Abschluß fetter Mahlzeiten. Im 16. und 17. Jahrhundert war der Sauerampfer ein Hauptbestandteil von Kräutersalaten. Er gehörte zu den Pflanzen, die von den ersten Siedlern nach Amerika mitgenommen und in Neuengland angebaut wurden.

Der Garten-Sauerampfer (*R. acetosa var. hortensis*) hat breite, länglich-elliptische Blätter (10-15 cm) und einen rötlichen Blütenstand, der aus der Mitte des Blattwerks hervorsprießt. Er läßt sich durch Aussaat oder durch Teilung im Frühling oder im Herbst vermehren. Pflanzen bester Qualität erhält man jedoch, wenn man zu Frühlingsbeginn in nahrhaften, feuchten Boden in halbschattigen oder sonnigen Lagen aussät. Bei einer Länge von 5 cm verpflanzt man die Sämlinge im Abstand von 25-30 cm.

Der Sauerampfer sät sich zwar selbst aus, aber es ist zweckmäßig, die Blütenstände rechtzeitig zu entfernen, damit das Blattwachstum angeregt wird. Schießt er in Saat, dann muß man das Beet regelmäßig neu anlegen. Auch heute noch würzt man im Sommer gern Salate und im Winter Gemüsesuppen mit den säuerlich schmeckenden Blättern.

Weinrose

Rosa rubiginosa
Ausdauernd
Familie Rosengewächse (Rosaceae)
Höhe 90 cm-1,80 m
Blüte rosa, Juni bis Juli
Syn. Zaunrose, Apfelrose

Die Weinrose kommt zusammen mit ihrer Verwandten, der Hundsrose, in offenen Wäldern, in Heckenpflanzungen und in Bauerngärten vor. Sie wächst besonders üppig auf Kalkböden in ganz Europa bis 61^{0} nördlicher Breite, im Kaukasus und in Kleinasien; in Nordamerika ist sie verwildert.

Diese Rose läßt sich durch Teilung oder Stecklinge vermehren. Sie liebt durchlässigen Boden in sonniger Lage. Da sie, wie alle Rosen, viele Nährstoffe braucht, darf man eine jährliche Düngergabe nicht vergessen. Die Blüten sind nahezu duftlos, bringen aber im Herbst leuchtend korallenrote Hagebutten hervor. Was diese Rose besonders gartentauglich macht, sind ihre herrlich nach Äpfeln duftenden Blätter, vor allem nach einem Regenguß im Sommer. Daher sollte man die Rose nahe ans Haus, möglichst unter ein Fenster zum Garten pflanzen. Die Blätter lassen sich im Dufttopf oder getrocknet im Kleiderschrank verwenden. Pflanzt man die Büsche dicht zusammen, dann erhält man eine undurchdringliche Hecke, deren stark bestacheltes Astgeflecht jeden Unbefugten abschreckt. Man kann die Rose zwar im Spätwinter schneiden, muß dann aber mit weniger Blüten im folgenden Sommer vorlieb nehmen.

Echter Majoran

Origanum majorana
Einjährig
Familie Lippenblütler (Labiatae)
Höhe 60 cm
Blüte weiß oder rosa, Juli bis September
Syn. Meiran, Wurstkraut

Der Majoran kommt aus dem Mittelmeerraum, Portugal, Nordafrika und dem Vorderen Orient. Die Artbezeichnung *majorana* ist sehr alt. Die Pflanze hieß bereits so, als sie im Mittelalter nach Europa gebracht wurde. Bis heute konnte der Name nicht befriedigend gedeutet werden. Schon die Ägypter verwendeten Majoran als Gewürz und Heilmittel. In römischer Zeit diente er als Fleischgewürz und zur Herstellung von Salben sowie Parfüms. Im 17. Jahrhundert aromatisierte man Duftpuder und Toilettenwasser mit seinen getrockneten Blättern und Blüten.

Alle Majoran-Varietäten haben Blätter mit ausgesprochen würzigem Aroma und eignen sich, frisch gepflückt, vorzüglich für Salate und Teigwarengerichte. Die Blätter des Echten Majorans kann man trocknen; sie sind aber nicht so aromatisch wie die des Wilden Majorans, *O. vulgare*. Die Topfpflanze *O. onites* ist zwar ausdauernd, aber der Echte Majoran ist in jeder Weise würziger. Man sollte daher die Mühe des jährlichen Aussäens nicht scheuen, denn in nördlichen Klimaten muß Majoran jedes Jahr neu aus Samen gezogen werden. Am besten sät man im Frühjahr ins Freie, wenn der Boden sich erwärmt hat.

Garten-Thymian

Thymus vulgaris
Winterharter, ausdauernder Halbstrauch
Familie Lippenblütler (Labiatae)
Höhe 10-30 cm
Blüte blaßlila, Mai bis September
Syn. Gemeiner Thymian

Der Thymian stammt aus den Mittelmeerländern, wo er an steinigen Berghängen Südosteuropas, Nordafrikas, Kleinasiens und des Vorderen Orients wild vorkommt. Von den Griechen und Römern wurde er als Gewürz und als Beigabe von Brandopfern verwendet. Von daher erklärt sich die Ableitung der botanischen Bezeichnung aus dem griechischen *thymum*, „ein Brandopfer darbringen."

Es gibt viele Thymian-Formen; kriechende Varietäten bilden stets ordentlich aussehende „Hügel", und aufrecht wachsende wie der Garten-Thymian ergeben niedrige Hecken. Thymian liebt durchlässigen Kalkboden in sonniger, offener Lage. Schwere Lehmböden liegen ihm nicht, sein Aroma leidet darunter. Diese Pflanze gehört in jeden Kräutergarten. Sie muß regelmäßig zurückgeschnitten werden, damit sie nicht verholzt und dann alle drei bis vier Jahre ersetzt werden muß. Die Vermehrung ist durch Aussaat in flachen Rillen, durch Stecklinge oder Teilung von zwei- bis dreijährigen Pflanzen im Frühling oder auch durch Absenker möglich. Ältere Thymianbüsche säen sich selbst aus; die Sämlinge kann man verpflanzen.

Thymian eignet sich gut als besonderer Schmuck für Steingärten.

Baldrian

Valeriana officinalis
Ausdauernd
Familie Baldriangewächse (Valerianaceae)
Höhe 1,50 m
Blüte weiß oder rosa, Mai bis Juni

Der Baldrian stammt aus Europa und dem nördlichen Asien. Heute gibt es ihn auch in Nordamerika. Er wächst in feuchten, anmoorigen Gebieten, an Gräben, Flüssen und auf Wiesen. In der Antike wird er selten erwähnt, aber im Mittelalter gehörte er zu den am meisten geschätzten Kräutern. Die angelsächsischen Kräutersammler verwendeten ihn, und arabischen Ärzten an der frühmittelalterlichen medizinischen Forschungsstätte in Salerno diente er als Heilmittel.

Im ersten Weltkrieg wurde er Soldaten verschrieben, die unter Kanonendonner und Luftangriffen litten. Kräuterkenner der Gegenwart schätzen ihn als Medizin bei Nervosität und Schmerzzuständen. Ein Absud aus Baldrian fördert das Einschlafen.

Baldrian kommt verbreitet wild vor. Im Garten kann er durch Teilung im Frühling oder im Herbst oder auch durch Aussaat in feuchten, dichten, lehmhaltigen Boden vermehrt werden. Wegen seiner stattlichen Höhe und der ansehnlichen Blütenstände eignet er sich gut als Leitstaude auf Kräuterrabatten.

Sommer-Bohnenkraut

Satureja hortensis
Winter-Bohnenkraut
Satureja montana
Einjährig (Sommer-B.) beziehungsweise ausdauernd (Winter-B.)
Familie Lippenblütler (Labiatae)
Höhe 30 cm
Blüte weiß oder rosa, Juni
Syn. Echtes Bohnenkraut, Gartenquendel, Pfefferkraut

Beide Arten sind aus Südeuropa und dem Orient stammende, überall verbreitete Gartenkräuter. Die Römer schätzten den überaus kräftigen Würzduft beider Arten und pflanzten sie gern in die Nähe von Bienenstöcken. Beide schmecken köstlich in Salaten und in Eierkuchen; besonders gut eignen sie sich für Bohnengemüse – man gibt einige Stiele beim Kochen hinzu. Die getrockneten Blätter beider Arten kann man als Ersatz für Thymian nehmen. In der Volksmedizin gilt Bohnenkraut-Tee als Mittel bei chronischen Darmleiden sowie gegen Würmer. Winter-Bohnenkraut sät man im Frühjahr beziehungsweise vermehrt es durch Stecklinge oder Wurzelteilung. Der niedrige Busch behält seine Blätter das ganze Jahr über und gehört damit zu den nützlichsten Würzmitteln in der Küche. Sommer-Bohnenkraut ist einjährig und muß jedes Jahr neu gesät werden. Vom Frühsommer an lassen sich die Blätter ernten. Die Pflanze darf nicht blühen, wenn sie die Würzkraft der Blätter behalten soll.

Schafgarbe

Achillea millefolium
Ausdauernd
Familie Korbblütler (Compositae)
Höhe 90 cm
Blüte weiß bis blaßrosa, Juni bis Oktober
Syn. Feldgarbe, Garbe

Die Schafgarbe ist über ganz Europa verbreitet. Man trifft sie an Straßenrändern, auf Ödflächen, Eisenbahngelände und auf Wiesen. Die botanische Bezeichnung leitet sich vom griechischen Kriegshelden Achill her, der während der Belagerung von Troja die Wunden seiner Soldaten damit geheilt haben soll. Das lateinische Wort *millefolium* („Tausendblatt") bezieht sich auf die stark geteilten Blätter. Seit alten Zeit wird die Schafgarbe wegen ihres hohen Tanningehaltes bei Blutfluß verwendet.

Schafgarbentee ist ein probates Mittel bei Erkältungen und Kopfschmerzen. Früher bedienten sich ihrer auch Weissagerinnen und Hexen. Das altchinesische Weissagungsbuch I Ching (Das Buch des Wechsels) deutet man falsch, wenn man „drei Münzen wirft"; es verlangt in Wirklichkeit, daß man „52 getrocknete Schafgarbenstiele verstreut."

Die Schafgarbe vermehrt man im Frühling oder im Herbst durch Teilung, aber konservative Gartenliebhaber betrachten sie eher als Unkraut, das selbst in den ungünstigsten Lagen gedeiht.

Trotz ihrer doldenartigen Blütenstände gehört die Pflanze in die Verwandtschaft von Gänseblümchen und Löwenzahn; bei ihr ist die Zahl der Einzelblüten pro „Köpfchen" allerdings klein.

Der Öffentlichkeit zugängliche Gärten

In der folgenden Liste sind diejenigen Gärten aufgeführt, die mindestens sechs Monate im Jahr zugänglich sind. Die jeweiligen Öffnungszeiten enthält das Verzeichnis „Historic Houses, Castles and Gardens in Great Britain and Ireland“ (British Leisure Publications). Gärten, die nur gelegentlich geöffnet sind, findet man in „Gardens of England and Wales Open to the Public“ (The National Gardens Scheme Annual Guide). Beide Broschüren sind an Zeitungsständen in Großbritannien erhältlich.

DAS ABBEY HOUSE MUSEUM
Leeds, West Yorkshire

ACORN BANK
Penrith, Cumbria

DIE ALLEN-GALERIE
Alton, Hampshire

DAS AMERIKANISCHE MUSEUM
Claverton Manor, Avon

BARNSLEY HOUSE
Barnsley, Gloucestershire

BATEMAN'S
Burwash, East Sussex

BEAULIEU ABBEY
Beaulieu, Hampshire

DAS BUTSER-FORSCHUNGSPROJEKT
Petersfield, Hampshire

DER APOTHEKERGARTEN IN CHELSEA
Chelsea, London

CRANBORNE MANOR
Wimborne, Dorset

DENMANS
Fontwell, West Sussex

EMMANUEL COLLEGE
Cambridge, Cambridgeshire

EYEHORNE MANOR
Hollingbourne, Kent

DAS GAINSBOROUGH-HAUS
Sudbury, Suffolk

SCHLOSS HAM
Richmond, London

SCHLOSS HARDWICK
Chesterfield, Derbyshire

DIE GÄRTEN VON HARLOW CAR
Harrogate, North Yorkshire

SCHLOSS HATFIELD
Hatfield, Hertfordshire

HESTERCOMBE HOUSE
Cheddon Fitzpaine, Somerset

DIE KRÄUTERGÄRTNEREI VON HOLLINGTON
Woolton Hill, Berkshire

IDEN CROFT
Staplehurst, Kent

SCHLOSS KNEBWORTH
Knebworth, Hertfordshire

BOTANISCHER GARTEN LIVERPOOL
Ness, Cheshire

SCHLOSS LEEDS
Maidstone, Kent

SCHLOSS LITTLE MORETON
Congleton, Cheshire

KLOSTER MICHELHAM
Upper Dicker, East Sussex

MOSELEY OLD HALL
Wolverhampton, West Midlands

MRS. L. BREMNESS' KRÄUTERGARTEN
Netherfield, Suffolk

DIE KRÄUTERGÄRTNEREI OAK COTTAGE
Nesscliffe, Shropshire

SCHLOSS OXBURGH
Swaffham, Norfolk

DER KRÄUTERGARTEN IN PETERBOROUGH
Peterborough, Cambridgeshire

DER KÖNIGINNEN-GARTEN IN KEW
Botanischer Garten, Richmond, London

DER KRÄUTERGARTEN VON WISLEY
Wisley, Surrey

DIE KRÄUTERGÄRTNEREI „R. T.“
Kilmersdon, Somerset

SCHLOSS SCOTNEY
Lamberhurst, Kent

SCHLOSS SISSINGHURST
Sissinghurst, Kent

DIE KRÄUTERGÄRTNEREI VON STOKE LACY
Bromyard, Hereford und Worcester

DER SHAKESPEARE-KRÄUTERGARTEN
Stoneacre, Otham, Kent

DER TRADESCANT-GARTEN
St. Mary-at-Lambeth, London

TUDOR HOUSE
Southampton, Hampshire

SCHLOSS WESTBURY COURT
Westbury-on-Severn, Gloucestershire

Anmerkungen des Fotografen

Ohne das Entgegenkommen und die bereitwillige Hilfe einer großen Anzahl von Menschen wäre es mir nicht möglich gewesen, innerhalb von neun Wochen einhundert Kräutergärten zu fotografieren. Außer in den Stunden, während derer mir jemand freundlicherweise eine Mahlzeit anbot, war ich die ganze Zeit im Freien, auch wenn es regnete, und das war im Sommer 1985 fast durchweg der Fall. Zum Glück kann man einen Kräutergarten wegen der darin vorherrschenden Grüntöne am besten unter einem gelbgrau verhangenen Regenhimmel aufnehmen, denn die günstige Beleuchtung während eines Regenfalls verstärkt oft die Leuchtkraft des Grüns.

In fast allen Gärten mußte ich im Hochsommer von 4 Uhr 30 früh bis 9 Uhr 30 abends die Lichtverhältnisse beobachten und aufnahmebereit sein. Manchmal benötigte ich wegen des Windes und der ungünstigen Lichteinstrahlung drei Tage, bis ich ein gutes Bild hatte, und bis zu sieben Stunden dauerte es, bis mir das Einzelporträt einer Pflanze gelungen war. Um den störenden Hintergrund auszuschalten, deckte ich ihn mit einem schwarzen Samttuch ab und benutzte gelegentlich ein Sonnensegel von 1,20 m Größe, mit dem ich zu grelles Licht filterte und trotzdem noch genügend Helligkeit und Kontraste behielt. Mehrmals zerstörte der Wind meine beiden Lichtschirme, und ich mußte wieder von vorn anfangen.

Die Fotos in diesem Buch habe ich mit der Leica R 3 und R 4 aufgenommen und möchte der Firma Leitz für die leihweise Überlassung von zwei Objektiven danken: das 24 mm Elmarit R-Objektiv lieferte den weitestmöglichen Aufnahmewinkel ohne sichtbare Verzerrung der Gegenstände, und das 100 m Macro-Elmar-Objektiv mit Balgengerät erwies sich für meine Pflanzenporträts als unverzichtbar. Ich habe darüber hinaus 35 mm-, 50 mm- und 90 mm-Objektive benutzt.

Als Film wählte ich 100 ASA Ektachrome, weil dieser sich besonders für Grüntöne eignet und ich die Entwicklung von Anfang bis Ende kontrollieren kann. Die Reaktion von Kodachrome ist bei schwachem Licht sowie im tiefen Schatten nicht immer vorhersehbar, auch werden die Schattenpartien oft tintig.

Ich war auf vier Filter (05 Y, 10 Y, 1 A, gradual ND) und auf die Geduld eines Hiob angewiesen. Die 05 Y und 10 Y sind gelbe Gelatinefilter, mit denen man die kalten Farben aus dem Bild nehmen kann; sie reduzieren das blaue Spektrum und betonen das grüngelbe. Das 1 A-Filter benutzte ich gelegentlich, um warme Rosatöne zu erhalten, und mit dem ND-Filter glich ich an trüben Tagen die Helligkeit des Himmels derjenigen des Vordergrunds an, ohne daß dabei der Farbkontrast litt.

Damit die Bilder nicht verwackelten, verwendete ich für diejenigen Aufnahmen ein Stativ, bei denen kleine Linsenöffnungen und lange Belichtungszeiten nötig waren, um die richtige Tiefenschärfe zu erreichen. Last but not least erwies sich eine Trittleiter oft als hilfreich.

Ich schulde den Gartenbesitzern Dank für ihre Hilfe und Großzügigkeit, auch dafür, daß sie mir gestatteten, mich mit meinem Campingwagen manchmal mehrere Tage lang in ihrem Garten aufzuhalten, und daß sie mir Waschgelegenheit und warme Mahlzeiten zur Verfügung stellten. Ganz besonders möchte ich folgenden Damen und Herren danken:

Rosemary und David Titterington, Simon und Judith Hopkinson, Guy Cooper, Gordon Taylor, Rosemary Verey, Lady Salisbury, Nancy Young, der Mannschaft des *Chelsea Physic Garden,* Frl. B. Courtauld, Guy Acloque, Richard und Alice Taylor, dem Adams Hill-Kraftwerk, Paul Stocking, Frau Galliers-Pratt, Ruth Thompson, Herrn und Frau Brackenbury, Robin Allen, Sybil Spencer, Herrn und Frau Tempest, Frau S. M. McCosh, Chris und Sarah Braithwaite, Canon Christie und seiner Frau, Henry Head und Lesley Bremness.

Für dieses Kräuterbuch bin ich 6800 km kreuz und quer durch England gefahren, davon weniger als 40 km auf der Autobahn. Die Arbeit hat mir außerordentlich viel Freude bereitet und mich mit vielen unvergeßlichen Menschen bekannt gemacht.

Alphabetisches Kräuterverzeichnis

Deutsche Bezeichnungen

Wissenschaftliche Bezeichnungen

REGISTER